後知後覺

后知后觉

凤凰出版传媒集团
江苏人民出版社

图书在版编目(CIP)数据

后知后觉/任彦申著.—南京:江苏人民出版社,
2010.5(2025.10 重印)

　　ISBN 978-7-214-06257-4

　　Ⅰ.①后… Ⅱ.①任… Ⅲ.①社会问题—
研究—中国 Ⅳ.①D669

中国版本图书馆 CIP 数据核字(2010)第 085486 号

书　　　　名	后知后觉
著　　　　者	任彦申
出 版 统 筹	府建明
责 任 编 辑	王翔宇
责 任 校 对	杨传凤
责 任 监 制	王　娟
出 版 发 行	江苏人民出版社
地　　　　址	南京市湖南路 1 号 A 楼,邮编:210009
照　　　　排	江苏凤凰制版有限公司
印　　　　刷	江苏凤凰通达印刷有限公司
开　　　　本	652 毫米×960 毫米　1/16
印　　　　张	11　插页 2
字　　　　数	100 千字
版　　　　次	2010 年 5 月第 1 版
印　　　　次	2025 年 10 月第 19 次印刷
标 准 书 号	ISBN 978-7-214-06257-4
定　　　　价	26.00 元

(江苏人民出版社图书凡印装错误可向承印厂调换)

目　录

自序 ·································· 1
我观江苏 ···························· 1
　一、从乾隆下江南说起 ············ 1
　二、水做的江苏 ···················· 7
　三、水做的人 ······················ 11

用人之道 ···························· 19
　一、盛世明主的用人智慧 ·········· 20
　二、知人不易　善任更难 ·········· 23
　三、如何辨别干部 ·················· 27
　四、提防小人得志 ·················· 37
　五、干部制度的改革 ················ 42

干部选择 ···························· 49
　一、做人与做官 ···················· 50
　二、说真话与说假话 ················ 53
　三、当官与发财 ···················· 58

四、现任与前任 …………………………… 61
　　五、对上与对下 …………………………… 64
　　六、照抄照搬与开拓创新 ………………… 67
　　七、报喜与报忧 …………………………… 72
　　八、讲套话与讲新话 ……………………… 75

领导境界 ……………………………………… 79
　　一、远见卓识 ……………………………… 83
　　二、当机立断 ……………………………… 85
　　三、宽厚包容 ……………………………… 89
　　四、大智若愚 ……………………………… 94
　　五、上善若水 ……………………………… 97

大学精神 ……………………………………… 101
　　一、我国传统教育理念 …………………… 101
　　二、大学精神的特征 ……………………… 103
　　三、塑造当代大学精神 …………………… 108

文化价值 ……………………………………… 120
　　一、文化与民族精神 ……………………… 123
　　二、文化与现代化建设 …………………… 126
　　三、文化与综合国力 ……………………… 129
　　四、文化与城市 …………………………… 132

五、文化与人生 …………………… 134
大众传媒 ………………………………… 137
　　一、传媒的特点 …………………… 137
　　二、传媒的功用 …………………… 140
　　三、传媒的改进 …………………… 145

编后记 ……………………………………… 152

自　序

三年前，我写了一本小书——《从清华园到未名湖》，不意引起不小的反响，居然成了一本畅销书，一连印了十多次。书中阐述的一些观点，如领导者应当"有声有色地工作，有滋有味地生活，有情有义地交往"，"培养人才，应当扬长补短；使用人才，应当扬长避短；保护人才，应当扬长容短，必要时敢于护短"以及"领导是最重要的成长环境"、"团结是最重要的成功之道"、"善于欣赏是最高明的领导艺术"等等，得到了众多读者朋友的共鸣。不少读者朋友给我写信、打电话、发书评，希望我继续写第二本书。正是在读者朋友和出版社的鼓励下，我才下决心写这本书。书中讲述的主要是自己在江苏工作十年的体会以及对社会和人生的感悟，是作为一名领导者退岗后的"后知后觉"。

我不是一个先知先觉有先见之明的人。许多事，当时干时不明白，事后明白了；身在其中不明白，超脱出来明白了。有些话，自己在位时不便说，现在说方便了，或是目前在职的同志不好说，自己不妨说出来。有些道理，对一个饱经沧桑的人或初出茅庐的人来说，其含义是大不相同的。

人的正确认识不是一次完成的，只有长期实践反复思考才能得出更加合乎实际、更加接近本质的认识。只有超脱自我淡泊名利之后，才能更加清醒，走向新的境界。总之，这本书是作为一个过来人，对过去40年职场生涯中所力所为、所见所闻、所思所想、所愿所求的一种总结反省和重新审视，希望和目前在职的同志进行一次真诚的对话和交流。写作的原则仍然遵循老学长刘吉同志嘱咐我的：要有痛有痒地写作，不要作官样文章，要力求把真实的想法和鲜活的经验教训写出来。

人生如同一台戏。当你处在精力和创造力的高峰时，应当唱主角，挑重担，把最好的年华奉献给社会；当你走出精力和创造力的高峰时，应当主动让贤，甘当配角，让更加年富力强的同志去唱主角，挑大梁；当你年高体衰、精力不济时，应当及时谢幕，走下舞台，去当一个文明观众，心平气和地回归群众，回归自然，享受一段属于自己的生活。"功成，名遂，身退，天之道也。""你方唱罢我登场"，这就是人生，再好的演员也不可能一直在台上演下去。社会大舞台应当永远由最有活力的演员去唱主角，这样才能好戏连台，精彩纷呈。如果明明精力不济了，还硬撑着唱大戏，那很可能赢得的不是掌声，而是倒彩。如果想把手中的拐杖当成指挥棒，那可能不是帮忙，而是添乱。

我到江苏工作整整十年了。江苏是不可多得的一块风水宝地，能到江苏工作是一种幸运。到江苏工作，首先要了解江苏的历史现状、风土人情和国民性格。我对江苏还知之甚浅，如果让我用一句话来概括江苏，那就是"水做的故乡水做的人"。抓住了水的特点，就找到了一条认识江苏的指导线索。

江苏是著名的水乡，全国拥有大江大河大湖大海的省区只有江苏。江苏因水而得名，因水而得势，因水而得益。水是江苏最大的特点、最大的优势、最大的发展潜力，也是最大的发展隐患。一方水土养一方人。如果说江苏是水做的故乡，那么江苏人就是水做的人，水的特点、水的性格决定了江苏人的文化品格和国民精神，江苏人聪慧、灵气、精细、柔韧、温顺、平和、适应性、可塑性、善变性、重实惠、讲实际、稳扎稳打、低调行事、不事张扬等性格，都源于水的特性。江苏人稠地窄,自然资源相对贫乏,它最大的比较优势,一是水,二是人。江苏的发展经验有千条万条,最根本的有两条:一是必须以水为宝,务必把江苏的水资源利用好,开发好,保护好;二是必须以人为本,务必把江苏的人力人才资源利用好,开发好,保护好。

在省委工作期间,自己分管过宣传文教、组织干部、统一战线等工作,这么多领域,自己哪能都懂呢?不过,领导并不是靠自己干事,而是带领推动大家干事,团结依靠大家干事,是把上级意图和个人想法通过大家来实现的人。作为领导者,重要的是保持一种学习进取之心,对所有的工作都要有一种兴趣。你不可能做到门门内行,但力求能迅速进入到"一知半解"的状态中,对各项工作"略知一二"。所谓"略知一二",就是力求弄清本质,掌握政策,抓住大事。至于做好具体工作,要靠内行,靠群众,放手让那些比自己更懂行、更熟悉的人去干事。领导就是环境,要设法给别人创造一种想干事、能干成事的环境。

我的主要经历是从事文化教育工作,同各类人才打交道,这也是一种幸运。

自己最大的收获就是结识了一大批知识精英,从他们那里获取了许多知识和智慧，受益无穷。与智者为伍，自己也会变得聪明一些。

自己最大的成就感就是发现和起用了一批优秀人才，特别是大胆起用了一些暂未成名、前途无量的青年才俊。今天，看到这些人在各行各业成名成家，建功立业，比自己成功还感到高兴。

自己最大的安慰是保护了一批当时存有争议的开拓创新型人才，抵挡了世俗偏见和僵化保守势力对他们的歧视和挤压，避免了重犯过去压制学术自由、摧残人才的做法。曾几何时，一些当初受到非议的人才崭露头角，如今成为闪亮的明星。

识别人才不易，起用人才很难，而保护人才更具风险。识才需要智慧，用人需要谋略，而护才则需要勇气，有时需要付出代价。

干部人事制度千头万绪，归根到底就是四个字："知人善任"。衡量干部制度好不好，关键是看能不能源源不断出人才，不但要出合格人才，尤其要出杰出人才。干部制度改革的根本方向是民主、公开、竞争、择优，大力提高干部选任的科学化、民主化、制度化水平，其中第一要义是民主。干部制度改革的重点，是解决好邓小平同志提出的权力过分集中、兼职副职过多、党政不分、以党代政以及交接班等重大问题。如果不触动权力过分集中，"万品千群，俄折乎一面；庶僚百位，专断于一司"这一根本弊端，任何其他改革都难以到位。要全面地辩证地贯彻干部"四化"方针和"德才兼备，以德为首，注重实绩，群众公认"的原则，在注重人品的基础上讲政治，在注重实绩的基础上讲公论，在注重领导能力的基础上讲学位。选拔干部，关键是把好"两头"，一头是把好上线，择优录用，一头是守住底线，挡住小人。不能让说实话办实事的老实人吃亏，不能让改革创新者受过，不能让投机钻营、跑官要官者得逞。我国社会各行各业的优秀人才有的是，只要制度先进，思路对头，章法合理，就一定能形成一种群贤毕至、人才涌流的生动局面。

在江苏十年中，我结识了全省上上下下、方方面面的许多优秀领导人才。他们有理想，有思路，有干劲，想干事，会干事，能干成事，也比较懂事，充满着旺盛的创业创新、争优创先精神。有些地方，像江阴、昆山、张家港、常熟等，一直走在改革开放的前列，始终活力不减，常兴不衰，成为引领时代脚步的先锋。有些地方，像苏中、苏北一些县市，原来基础薄弱，由于有了一个好班子，好带头人，好思路，一年一个样，几年大变样，发展变化之大、之快令人惊叹。有些过去名不见经传的小人物，成为市场经济的弄潮儿，他们创办的企业从小到大，从弱到强，在短短一二十年里，创造出知名企业、知名品牌，连续跃上几亿、几十亿、几百亿甚至上千亿的台阶。这些人，是改革开放的开拓者，是富民强省的带头人，也是当今时代的志士仁人。

在工作中，我也深深地感受到了现行领导体制中的种种弊端，官场上的种种不良风气，看到了干部队伍中的某些平庸无能者、僵化保守者、官僚主义者、腐化堕落者。制度比人强，特别是领导制度、组织制度是带有根本性、全局性、稳定性和长期性的问题，正如邓小平同志所说："如果不坚决改革现行制度中的弊端，过去出现过的一些严重问题今后就有可能重新出现。只有对这些弊端进行有计划、有步骤而又坚决彻底的改革，人民才会信任我们的领导，才会信任党和社会主义，我们的事业才有无限的希望。"（《邓小平文选》第二卷，第333页）

当前，对领导干部来说，经常面临着一些基本的重大的抉择，比如做人与做官，说真话与说假话，当官与发财，现任与前任，对上与对下，照抄照搬与开拓创新，报喜与报忧，讲套话与讲新话，等等。在这些问题上如何选择，不仅是对领导水平、领导作风的重大考验，而且是对政治信念、官品人品的重大考验。

领导干部为政一方，其水平高低、工作优劣同当地的社会治安、事业兴衰、百姓福祉息息相关。一个领导者如果能把自己的权力地位与自己的崇高理想、聪明才智结合起来，可以干成一般人干不了的大事情，在振兴事业、促进发展、创新体制、革除积弊、起用人才、造福百姓方面创造出辉煌的业绩。相反，如果只想做官，不想做事，因循守旧，不思进取，虽然他没犯什么错误，但损害的是整个事业，殃及的是所有百姓，他所造成的耽误、带来的损失是无法估量、难以弥补的。对领导干部来说，无功就是过，占着位子不干事是最大的错误。

古代官员讲修身，今天干部讲修养，其中"修"的本义就是自我学习、自我反省、自我修正、自我改造、自我完善。领导干部应当把"活到老、学到老、改造到老"作为座右铭，始终保持一种学习进取之心，向书本学习，向实践学习，向他人学习。始终保持一种敬畏之心，敬畏天地，敬畏前贤，敬畏领导，敬畏群众。始终保持一种自省自律之心,战胜自己的弱点,战胜自己不良的天性,战胜自己的种种奢望和贪欲,不断去追求一种更真更善更美的领导境界。一个高水平、高智慧、高境界的领导者,应当具有远见卓识和战略头脑;应当善于审时度势,当机立断;应当助人为乐,宽厚包容;应当大智若愚,留有余地;应当以水为师,上善若水。学海无涯,学无止境。同样,仕海无涯,学无止境。一个人一旦走上领导岗位,就应当把自己的命运同整个事业联系在一起,把生命的激情融入到追求的事业中,用事业的辉煌来回报人民的重托,铸就人生的价值。

作为办教育出身的人,我对过去教育多灾多难、步履维艰的状况深有感受,对今天中国教育事业的大发展大跨越倍感欣慰。在科教兴国的战略下,经过30年的努力,九年义务教育已全面普及,高等教育跨入大众化阶段,各类职业教育、成人教育、特殊教育蓬勃发展。目前各类在学大学生达到2 900多万人,全国拥有大学学历的人口达到近一亿人。尽管目前教育事业中还有种种不如人意的问题,但改革开放以来我国教育所取得的成就无疑是巨大的里程碑式的成就。

近年来,围绕大学精神的讨论非常活跃,这是大好事。中国高等教育发展的现状需要大学精神予以引导和规范，大学改革发展中发生的种种争论和偏颇，也需要对大学精神予以正本清源的梳理。

大学精神是大学的航标和灵魂，是大学生存发展的精神动力和思想保证，是奠定优良校风学风的基础。尽管不同时期、不同国家、不同大学对大学精神有不同的解读，但在大学近千年的发展历史中逐渐确立了一些举世公认或大同小异的精神理念，这就是求知、求实、求真、求新的精神，以人为本、以学生为本、以人才为本的精神，学术自由、兼容并包、多元共生的精神，服务社会、超越现实、面向未来的精神。这些精神不只是大学特有的一种思想财富，而且是社会共有的一种精神文明。如果大学不发扬和维护大学精神，就不可能健康发展，更不可能成为著名大学。如果政府和社会不承认、不尊重大学精神，那大学的生存发展就会困难重重，大学与社会就会处于不可解脱的冲突中。

文化是衡量社会进步的标尺。文化尊严和文化价值的实现程度，是同社会的文明进步水平成正比的。在经济贫困的社会里，人们很难领略文化的价值。在封闭专制的体制下，文化的价值必然受到扭曲。在急功近利的环境中,文化的生存空间必然受到挤压。只有在经济繁荣、政治开明、社会和谐、个性自由的条件下,才能绽放出灿烂的文明之花。

文化的本质是文明教化,以文化人,以文化物。文化建设的核心是人的建设、国民素质的建设。它不像物质建设那么硬,那么容易见效,那么容易衡量,因此不能指望所有的人都能充分认识文化的价值。但是,作为党和政府,作为管文化、办文化的人,应当对文化的价值有高度的自觉和自信。

对一个民族而言,文化是民族延续的血脉,是民族凝聚、民族认同的灵魂,是一个民族自立于世界民族之林的身份证。

对一个国家而言,文化是国家的软实力,是综合国力的重要组成部分。没有硬实力,会被别人欺侮;没有软实力,照样得不到别人的尊重。

对现代化建设而言,文化建设既是方向旗帜和精神动力,又是重要内容和基本目标。在现代化建设一盘棋中,经济建设是中心,政治建设是保证,文化建设是灵魂,社会建设是目标,四者相辅相成,构成现代化建设的总体布局。

对城市而言,文化是城市的名片,城市的记忆,城市的形象和品位。没有文化内涵的城市永远不可能成为世界名城。

对人生而言，文化活动是人类区别于一般动物界的显著标志，文化修养是一个人步入现代文明社会的阶梯。文化对提升一个人的素质、能力、气质、品格起着决定性的作用。

在全面建设小康社会的进程中，人们对精神文化的需求会越来越多，社会生活中的文化含量会越来越高，文化的价值会越来越明显地展现出来。

当今世界，包括报刊杂志、广播电视、手机、互联网在内的各种媒体日新月异，快速扩张，无孔不入地渗透到社会生活的各个层面，无时无刻不在牵动着社会的神经，难怪有人把资本力量、政治力量和传媒力量称为当今社会三大支配力量。如果传媒失控或传媒与你作对，那会招来巨大的麻烦。

所谓大众传媒，顾名思义，一是面对大众，二是立足传播，三是充当媒介。一个重大传媒机构，一般都承担着信息中心、政策窗口、意见领袖、知识高地、娱乐平台等多重社会使命。媒体不仅是大众公器和社会公益事业，而且成为一种新型产业和商业机器；不仅是解决社会问题的重要手段，而且也成为产生社会问题的一大根源。这就要求媒体必须树立高度的社会责任感，统筹兼顾，协调发展，正确处理信息传播与舆论引导、服从大局与服务群众、紧跟领导与贴近实际、正面宣传与批评监督、新闻价值与商业利益等关系。

舆论宣传市场永远是买方市场，受众才是真正的上帝。大众传媒必须牢固树立以人为本的观念，贴近群众，贴近实际，贴近生活，以满足受众需求、尊重受众特点、为受众喜闻乐见为基本原则。你无法左右人们喜欢听什么，看什么，如果你宣传的东西人们不想听，不爱看，花再大的力气也白费。当前，舆论宣传中最突出的流弊就是文风不正，充斥着大话、空话、套话和正确的废话，存在着许多概念化、程式化、标语口号化的东西，缺乏新鲜性、生动性、知识性、趣味性、深刻性、启迪性，对此，不论干部还是群众都深感厌烦，到了非改不可的时候了。文风不正，不仅影响到媒体的收听收视率，而且影响到社会风气，影响到政府形象。当前，很有必要把整顿文风作为整顿党风政风的一个重要内容，进行一次专项治理。希望我们的领导机关和传媒机构，重读一下50年前毛主席发表的《反对党八股》这篇精彩演讲，认真对照，切实改进，使我们的文风、会风、话风有一个根本的转变。

我观江苏

到江苏工作,第一课就是了解江苏的省情。而要了解江苏的省情,首先是了解江苏的水情。水是江苏的最大特点,水是江苏生存发展的命脉,水是江苏人的灵魂。江苏因水而得名,因水而得势,因水而得益。我在江苏工作十年,对江苏还知之甚浅。如果让我用一句话来概括江苏,那就是"水做的故乡水做的人"。抓住了水的特点,就找到了认识江苏的一条指导线索。

一、从乾隆下江南说起

在江苏,乾隆皇帝六下江南的故事几乎是家喻户晓。在江苏各地有许多乾隆下江南的文物遗存,民间也流传着许多乾隆下江南的趣闻逸事。康熙皇帝曾经六次巡幸江南,乾隆皇帝也效法皇祖,六次南巡。乾隆认为,自己一生干了两件大事:一件是"西师",率军西征,平定西北;另一件是"南巡",在前后 30 多年中，六次巡视江南。可见下江南在乾隆心目中意义非同小可。

在当时的条件下，皇帝下江南是一项浩大的工程。从北京到江浙，往返6 000华里。那时没有现代化的交通工具，全靠车装船载，马拉人扛，来回一趟，至少需要三五个月的时间。每次出巡，皇帝带领的皇亲国戚、文武百官、卫队侍从有两三千人，动用五六千匹马，四五百辆车，上千只船，需要耗费一二百万两白银。乾隆第六次南巡时已是74岁高龄了，如此长途跋涉，也是一件不容易的事。那为什么皇帝却不辞辛劳连续南巡呢？

按照乾隆皇帝自己的解释，他下江南有四条原因：一是江浙官民诚心恭请；二是朝中百官一再建议；三是江浙人稠物丰，地位重要，应当亲自去考察民情戎政；四是恭奉母后，游览名胜，以尽孝心。这些说法不过是一种官样文章，其实乾隆心中有着更重大更深层的用意。

第一，上有天堂，下有苏杭。江浙一带是中国著名的鱼米之乡、丰饶之地、工商中心、财赋重镇，是清政府的主要"粮袋子"和"钱柜子"，维系着朝廷的经济命脉。在当时，江浙交纳的粮赋占全国的38%，税银占全国的29%，关税占全国的50%。当时盐课银是仅次于田赋的第二大财政来源，盐课银的60%以上来自江浙，仅扬州盐商每年上交的盐课银最多时达600万两。京城每年需要的400万石粮食，2/3从江浙漕运进京。如果没有江浙的巨大财力支持，就不可能造就乾隆盛世景象。每次南巡，除了确保这些正常的国库收入以外，皇帝和权臣还通过摊派、赞助、买官卖官、敲诈勒索、行贿受贿等手段，向江浙的官员和富商捞取许多私房银。可以说，牢牢控制江浙，充分调用当地丰厚的财力物力资源来支撑庞大的清朝帝国，是乾隆下江南的首要原因。

第二，江南出才俊，自古多风流。江南是一个人杰地灵、英才辈出的地方。在清代产生的114名状元中，江苏人有49位，占到43%。设在南京的江南贡院是全国最大的科举考场，考生达2万多人。清代的状元一半多出自江南贡院。乾隆下江南的一个重要目的，就是为安邦治国发现人才、培植士类、笼络人心。在六次南巡中，乾隆确实从江南物色了大批政界能臣、饱学之士、学界泰斗、书文大家。每次南巡，乾隆都要会见文人士子、名流缙绅，并亲自命题考试，对考试优秀者特批扩招"生员"名额，特赐"举人"称号，当场授予官位，以争取名士，宣扬圣恩。

在清代，江浙也是明末遗民众多的地方，反清思想广有市场。乾隆南巡时，一方面对文人士子采取怀柔笼络手段；另一方面又严加思想控制，对持不同政见的知识分子严厉打击，大兴文字狱。清朝是历史上文字狱最盛的时候，而乾隆执政时又是清朝文字狱的最高峰，罪名之荒唐，株连面之广，手段之残酷，远远超过康熙、雍正。乾隆较高的文化修养助长了他的文化神经质和思想多疑症。其中最典型的一件文字狱，就是在乾隆首下江南后，有人冒充大臣奏稿，批评乾隆下江南时奢侈浪费、严重扰民、赏罚不公等问题，乾隆大怒，下令在全国追查这份伪奏稿的炮制者和传播者，被关押、撤职、杀头的人不计其数。

第三，江南是重要的水利水患之乡。尤其苏北地区是黄河、淮河、运河交汇之处，像洪泽湖、高邮湖等都是"悬湖"，一旦泛滥，淮安、扬州、泰州、南通、盐城等地则是一片汪洋。乾隆在《南巡记》中称："六巡江浙，计民生之要，莫如河工堤防，必亲临阅视。"清朝每年固定的河工"岁修银"占到全国财政支出的1/10，是当时最大的基本建设项目。每次下江南，乾隆必到洪泽湖流域巡察河防工程。六次南巡中，乾隆共发出数百条治水命令，实施了多项重大水利工程，动用了几千万两白银，对减少水患、保护田园生命起到了重要作用。

第四，江南是"花柳繁华地，温柔富贵乡"。山川风光秀美，人文资源丰厚，金粉佳丽众多，用明朝皇帝朱元璋的话来说是："佳山佳水佳风佳月，千秋佳地；痴声痴色痴梦痴情，几辈痴人。"在乾隆时期，长江运河两岸的都市商业繁华、人气旺盛。当时全世界50万人口以上的大都市有十座，江苏占据其三——南京、扬州、苏州。南京人称"江南佳丽地，金陵帝王家"，十里秦淮，九曲金波，六朝金粉，一帘幽梦。苏州园林，享誉天下；苏州刺绣，巧夺天工。再加上小桥流水，粉墙黛瓦，充满着诗情画意。扬州更是富商云集，美景、美女、美味，一应俱有。"腰缠十万贯，骑鹤下扬州"，可见当时的扬州是一个著名的梦幻之都、休闲之都、消费之都。皇帝来到江南，看得开心，玩得尽兴，吃得可口，购得满意，当然是乐此不疲、频频光顾了。

对江南的园林，乾隆更是情有独钟。每次下江南，他都带来一些画师，把江南的一些著名园林描绘下来；而后，在北京颐和园、紫禁城、承德避暑山庄中，对苏州狮子林、杭州西湖十景、无锡寄畅园、镇江金山寺等园林景观加以仿建。

第五，皇帝出巡，安全第一。江苏没有高山峻岭、荒蛮之地，盗贼流寇难以藏身。特别是江苏人禀性温顺，循规蹈矩，不狂不蛮，安分守己，加上日子比较富庶，属于那种"仓廪实而知礼节，衣食足而知荣辱"的地方，是少有的一个良民区、顺民区、治安模范区。皇帝到这里，凶险较少，安全可以得到保证。

对于乾隆六下江南，从古到今，人们都是毁誉参半，褒贬不一。即使在当时，朝野对乾隆下江南时好大喜功、追求奢华、讲究排场、劳民伤财的行为也多有质疑。乾隆在退位之前曾对大臣讲：我临御60年，并无失德，惟独六次南巡，劳民伤财，将来你们务必阻止皇帝南巡之事发生。然而，毋庸置疑的是，如果不是处在太平盛世，就不可能有皇帝六巡江南的盛举。这六次南巡，对于清政府安定江浙、聚集财力、吸纳人才、安抚人心、兴修水利、治理水患等，起到了巨大的作用。回顾乾隆六下江南这段历史，对于我们了解江苏的历史、认识江苏的省情是大有帮助的。

二、水做的江苏

江苏是中国不可多得的一块风水宝地,在天时、地利、人和等方面有着相对优势。在唐代之前,江苏的经济、文化、社会的发展还比较落后。唐宋之后,江苏逐渐崛起,在全国的地位影响节节攀升。近千年来,江苏的发展经历了三次大的跨越。

第一次大跨越发生在宋代。自隋唐时期京杭大运河开通之后,江苏的优势开始显现。宋朝时,北方和中原地区战事频仍,民不聊生,迫使宋朝政治中心南移,随之出现了大规模的移民潮。许多官宦世家、名门望族、商贾富豪、文化精英都到江南定居。中原地区先进的知识、技术、文化以及资金、人才涌入江南,形成了江苏第一次发展高峰期,并造成了此后近千年不衰的局面。

第二次大跨越发生在清代。随着明代后期资本主义萌芽的产生和世界海洋经济的兴起,江南又成为近代工业经济、商业经济和城市经济的发祥地。上海逐步成为全国的商业中心,江南也从以农业为主的传统经济过渡到以工商业为主的近代经济,江苏则成了全国近代工商业和城市发展的龙头地区。

第三次大跨越是改革开放时期。新中国的成立，推翻了百年来压在人们头上的"三座大山"，人民当家作主的新生政权极大地鼓舞了人民的政治热情和创造活力。特别是党的十一届三中全会后的30多年里，江苏成为全国改革开放的前沿地区，成为市场经济最富活力的地区，成为中国特色社会主义最有显示度和说服力的窗口地区，创造了一个又一个的人间奇迹。可以说这30多年间创造的财富超过了以往所有时代的总和，这30多年带来的城乡巨变使过去一切时代都望尘莫及。如今的江苏，以占全国1%的土地，5.7%的人口，创造了占全国1/10以上的经济总量，17%的外贸总额。

其实，江苏人稠地少，自然资源相对贫乏。它最大的比较优势，第一是水，第二是人。江苏的发展经验有千条万条，最根本的是两条：一条是以水为宝，因此务必把江苏的水资源利用好、开发好、保护好；另一条是以人为本，因此务必把江苏的人力人才资源利用好、开发好、保护好。

先说江苏的水。

江苏是著名的水乡。水是江苏最大的特点、最大的优势、最大的发展潜力，也是最大的发展隐患。

江苏拥有1.73万平方公里的水面。水域面积占全省总面积的17%，这一比例在全国各省、市、自治区中名列第一。江苏也是全国各省、市、自治区中唯一的大江、大河、大湖、大海全都具备的地区。长江、淮河横穿东西，大运河纵贯南北。大小湖泊290多个，星罗棋布，水面有6 800多平方公里，全国五大淡水湖江苏有其二，太湖地处江南，洪泽湖位居江北，流域面积均有4万平方公里。全省大小河流2 900多条，纵横交错，水网密织，内河航运四通八达。同时，还有近千公里的海岸线，使内河航运与海洋运输相互贯通。再加上四季分明、雨量相对充沛的气候条件，这些都为江苏的农业、工业、商业发展提供了得天独厚的优势。经过新中国60年来大规模的水利工程建设，过去对江苏威胁最大的洪水灾害已大大减轻。现在全国大多数地区都受到水资源短缺的困扰，相比之下，江苏的水资源优势更加难能可贵。

如果说，过去江苏最大的水患是洪涝，那么，今天最大的水患则是水质污染。2007年发生的无锡市太湖水源污染事件，造成了数百万人一度断水的困难局面。这个事件发生在无锡或是苏州具有偶然性，然而这种偶然性中却包含着必然性。太湖流域是中国人口密度最高的区域，每平方公里上居住着上千人，县乡以下的生活污水大都未经处理直接排放。太湖流域又是工业企业最密集的地方，每平方公里上有十余家企业，大量工业废水也未曾达标而排放。农业生产中大量施用化肥、农药带来了严重的面源污染，而太湖养殖的过度发展也成为一大污染来源。这些因素叠加在一起，使太湖水质一直在四类水和五类水之间徘徊，因此出现这种水源污染事件并不足为怪。太湖是苏南地区的母亲湖，关系着周围3 000多万人的生计和安全。长期以来，人们一味地向"母亲"索取，很少给予她必要的关爱和回报。这次污染事件告诉人们，太湖这个"母亲"不堪重负，已经病倒了，难以承担起"母亲"的使命了。

由太湖污染想到了其他江河湖海。现在大多数河流、湖泊都受到不同程度的污染，有些已经干涸，有些虽然有水但却失去了水的功能。中华民族有两大母亲河——黄河和长江。黄河早已是泥沙滚滚、经常断流了；长江成了中华民族最重要的一条生命线，大半个中国把水的希望寄托在长江上。今天的长江是全国最大的取水口，也是最大的排污道。过度的工业化开发已使长江伤痕累累，数以万计的化工、冶炼、发电、造纸、拆船造船等企业堆集在长江两岸。假如像2005年11月松花江化工厂污染事件发生在长江上，那后果不堪设想。

江苏是一个典型的靠水吃水的地方。一旦水吃不上了，那就断了江苏的生路，毁了江苏的前程。所以江苏人应当像爱护命根子一样去珍惜和爱护江苏的水资源，那种只开发不保护、只索取不回报的时代应当结束了。欧洲莱茵河的治理给我们提供了一个很好的范例。莱茵河是欧洲的母亲河，流经瑞士、德国、奥地利、法国、荷兰等五个国家。40年前，莱茵河两岸是欧洲的工业长廊，大量的工业废水、生活污水向其中排放。莱茵河成了欧洲"最大的下水道"、"最浪漫的臭水沟"。1986年瑞士的一家化工厂爆炸曾使莱茵河一度成为死亡之河。之后经过20多年严格的治理，使莱茵河重新成为一条世界上最美丽的河流，成为一条著名的风景观光带，但愿明日的长江也像今日的莱茵河那样，清澈明亮，鱼游鸟翔，两岸飘香。

三、水做的人

一方水土养一方人。如果说江苏是水做的故乡，那么江苏人也是水做的人,水的特点、水的性格,决定了江苏人的文化品格和国民精神。尽管苏南人、苏中人、苏北人也存在着许多性格上的差异,但总体上说,水是江苏人的灵魂。

仁者乐山,智者乐水。水的最大特点是活性和灵性。江苏人天性聪慧,脑子灵活,不但爱读书,而且会读书,许多人似乎天生就是读书的材料。而且江苏尊师重教、好文兴学之风根深蒂固,世代相传,在子女教育上,特别舍得花钱,舍得花力气。从古到今,不知从江苏大地上产生了多少才子、文人、学者、名家,真可谓是英才辈出,群星灿烂。到江苏各地考察,当地人最津津乐道的,就是那里产生过多少个名人名家。仅苏州市,历史上就出过50位状元,1 500名进士,产生了伍子胥、孙武、项羽、范仲淹、沈周、唐寅、文徵明、冯梦龙、蒯祥、顾炎武等名垂青史的著名政治家、军事家、思想家、文学家、书画家和工艺大师。宜兴一个县级市,走出了4位状元、10位宰相、385名进士,还有80多位大学校长、23位两院院士和8 000多位大学教授和副教授。

今天,江苏仍然是全国教育最发达、人才最集中的省份。全省大部分地区已基本普及高中阶段的教育,高中阶段的毛入学率达到95%。拥有普通高等学校122所，在校大学生165万人，高等教育的毛入学率达40%，苏州、无锡等苏南地区高等教育的毛入学率已达到50%以上。江苏籍的两院院士目前已达300多名，在全国各省、市中遥遥领先。

江苏在教育文化和国民素质方面所具有的优势，成为江苏持续发展最宝贵的资源。

江苏人勤劳敬业，吃苦耐劳，认真仔细，心灵手巧，这是江苏成为制造业基地的重要原因。江苏人的富足首先归功于他们勤劳敬业，赚的多是辛苦钱。很多人富而不懒，不图安逸，日夜忙碌，终年不息，以至于双休日、节假日也不肯休息。当然，我们并不提倡节假日不休息，但这种勤劳敬业精神还是值得钦佩的。当初江苏在兴办乡镇企业时提出的那种"千山万水、千言万语、千辛万苦、千方百计"的口号正是江苏人精神的一种写照。目前江苏的建筑大军已是举世闻名了，他们拥有500多万人的队伍，足迹遍布全国各地和世界上百个国家和地区，每年创造的总产值上万亿元。江苏建筑队的质量信誉也是众口皆碑的。

江苏人做事决不是一味傻干，只卖苦力气。他们既勤劳又智慧，处事精明但不油滑，不怕吃苦又善动脑筋，拥有无数的能工巧匠。苏州有四大"发明"，即苏州园林、苏州刺绣、苏州昆曲、苏州评弹。这四种东西看起来互不搭界，但其中却包含着共有的一种苏州精神，即"小、精、灵"，也就是小巧、精微、精细、精致、精干、灵巧、灵活、灵气。有的外商说，看了苏州刺绣，就知道苏州电子信息业为什么能快速兴起。

江苏人的性格温顺、顺和，不急不躁，不鲁莽，不刁蛮，不狂躁，不冲动，以柔克刚，持之以恒，温文尔雅，讲究礼貌，颇有些"温良恭俭让"的风范。就像淮扬菜那样，以做工精细、平和清淡而出名。江苏人彼此之间如果有意见，有矛盾，底下咕咕嘀嘀也就罢了，很少公开挑明，死磕硬碰，他们似乎更相信"好汉不吃眼前亏"的信条，更少去干那种"一不做，二不休"、"为朋友两肋插刀"的鲁莽事情。江苏的男性多柔少刚，多文少武，识有余而胆不足，或许少了点男子汉敢说敢干、敢做敢为的气魄。江苏的女性温柔细腻、文静含蓄、勤勉贤惠、善解人意，颇具东方女性之美。如果让江苏男子作为中国男性的标志，可能不少人持有异议，但如果让江南女性作为中国女性的标志，估计多数人会同意。

如果你从北京来到南京，会强烈地感受到政治氛围和思维方式的不同。

北京不愧是全国的政治中心，北京人的政治思维发达，政治嗅觉灵敏，政治热情高涨，怀有"以天下为己任"的强烈社会责任感，一个普通市民也像个政治家，"风声雨声读书声，声声入耳；家事国事天下事，事事关心。"而江苏人则不同，他们经济头脑发达，建设意识和务实精神很强。江苏人对政治事务也关心，但主要限于一般性的了解，自己弄个明白也就是了，往往敬而远之，不会动心动情地去争论，更不会冒冒失失地去参与。他们的兴趣集中在对事业和生活的追求上，最关心的是平平安安过日子，一心一意奔小康，与当地发展和自身利益无关的事，他们不太会关心。任何新政策出台，他们总能很快找到与当地发展和自身利益的结合点，接过口号，为我所用，在政策变动中迅速找到自己的位置。江苏人这种重建设、重实际、重利益、重生活的态度，同北京人那种重政治、重思想、重民主的氛围形成了一种显明反差。北京人喜欢高谈阔论，争论不休；而江苏人不爱争论，不爱管闲事，埋头干自己的事。北京人为人处世比较豁达、豪爽、讲义气、重友情、不拘小节、洒脱幽默，在这些方面，江苏人欠缺一些。北京人观察事物的标准是多元的，政治标准常常作为第一位的考虑；而江苏人观察事物的标准更加务实，更加注重利益原则。

江苏和浙江都是商品经济比较发达的地方。江苏人擅长于搞制造，浙江人擅长于搞流通。江苏商人多为"坐商"，而浙江商人多为"行商"。江苏人爱家又恋土，对家乡有一种特殊的感情，尤其是苏南人认为哪儿都不如自己家乡好，故土难离，亲情难舍，喜欢在自己家门口办企业，并通过大力招商引资，把国外客商都引到自己家乡来创业投资。他们对家乡的过分偏爱和自恋，有时会影响他们的视野，难以"跳出江苏看江苏"。而浙江人爱家却不恋土，他们走南闯北，四海为家，不求所在，但求所有。哪里有市场，哪里就有浙江人做生意；哪里暂时没有市场，哪里就有浙江人去开拓市场。浙江人经商，喜欢成帮结伙地干，一家一族、一乡一村联合起来闯天下。今天，国内国外到处都有浙江村、温州街、台州会、宁波帮。而江苏人则喜欢自己单干，很少成群结伙、联合行动，就是市与市、县与县之间也互相不服气，往往是你干你的，我干我的，这很容易造成产业结构的雷同，而要进行产业整合和布局调整也困难重重。

同广东人那种敢打敢拼、不怕失败、敢为人先的勇气相比,江苏人的风格更讲究稳扎稳打,少担风险、少出乱子、少犯错误、少吃批评方为万全之策。江苏人的行事逻辑是"领先但不想冒险,创新但不可乱来"。在许多领域中,江苏都是第一方阵,但很少挑头,是"高原",但缺乏"高峰"。江苏人一般不去做"第一个吃螃蟹的人",但是如果吃螃蟹确实安全、可口,那就会跟着去吃,然后想方设法去养螃蟹,进而卖螃蟹赚钱。江苏人的性格可以称为"亚军性格"而不是"冠军性格"。

江苏人做事中规中矩,力求合理合法稳妥正当。他们遵从现行的制度、规定、纪律、秩序,不抗上,不作乱。行政权威大,政令畅通度高,是江苏历来的特点。违法乱纪的事,坑蒙拐骗、伤天害理的事,他们不想干也不敢干。江苏是沿海沿江省份,有近千公里的海岸线,有许多沿海沿江的港口码头,但走私贩私的事情极少发生。江苏是乡镇企业的发祥地,工商企业众多,现有40多万户私营企业,有200万个个体工商户,制造假冒伪劣商品的事不能说没有,但也很少发生。

近年来,江苏成为全国吸引外资最多的地区之一。

为什么众多的外商愿意到江苏来投资兴业？这其中有什么秘密？一些外商讲了其中的缘由。他们讲：江苏一是毗邻上海，滨江临海，有区位优势；二是教育发达，人才资源丰富，劳动力素质好，而且工作认真，比较稳定，不爱跳槽；三是政府服务比较规范，讲究诚信，虽然效率不是最高，但制度化和可信度较高，花的黑钱、冤枉钱很少；四是社会安定，风尚较好，安全一般能有保证。

江苏人处事低调，不爱张扬，不爱出风头。与人交往爱面子但不爱摆谱，过日子讲实惠而不求奢华，干事稳扎稳打而不瞎折腾。江苏富人不少，但他们不爱炫耀，不愿露富，不想出风头，不互相攀比着去建豪宅、购名车、买名表，去追求高档消费和豪华生活，不去干那种图虚名而招实祸的事情。

一个地方的文化特征和国民性格是由历史、地理、自然和人文等多种因素交织而成的，是日积月累长期积淀起来的。作为一种人文个性，不能简单地用优点或缺点来加以区分。作为一种传统和惯性，也不是一朝一夕可以轻易改变的。不过，它会随着社会的文明进步而不断地与时俱进。

用人之道

组织工作，千头万绪，归根到底就是一句话：知人善任。所谓人事工作，说到底就是用人治事，用合适的人做正确的事。

知人善任，这是执政党治国兴邦的头等大事，是领导者最大的政治智慧和领导才能。一个大系统（包括一个县市、一个企业、一个学校）的领导者，特别是一把手，应当至少用三分之一的时间去做人的工作，只要把人选准了、理顺了、摆平了，一切事情都好办了。如果忙于做事，疏于管人，做事仔仔细细，管人粗枝大叶，那是最大的失职。如果识人不准，用人不当，分不清人才还是庸才，好人还是坏人，那是最大的昏聩无能。吏治清明是政治清明的首要标志，而吏治的腐败则是政治腐败的主要根源。

一、盛世明主的用人智慧

在历史上，那些奠定基业、开创盛世的皇帝在识才用人上都有着非凡的胆识。汉朝、唐朝是中国封建社会的两大鼎盛时期，汉高祖刘邦和唐太宗李世民是两个具有雄才大略的英明君主，他们在知人善任上提供了许多值得后人借鉴的宝贵经验，至今读起来仍令人赞叹不已。

汉代开国皇帝刘邦在夺取天下后，总结了自己战胜项羽的根本原因，他说："夫运筹帷幄之中，决胜千里之外，吾不如子房；镇国家，抚百姓，给饷馈，不绝粮道，吾不如萧何；连百万之众，战必胜，攻必取，吾不如韩信。三者皆人杰，吾能用之，此所以取天下也。项羽有一范增而不能用，此所以为吾所擒也。"

刘邦这段话生动具体、朴实无华，深刻地概括出了几条最重要的领导哲学和用人经验：

第一，得人才者得天下，失人才者失天下。

第二，用人之道，关键是用人之长，避人之短。

第三，领导者既要有知人之明，更要有自知之明。只有具有自知之明的人，才可能做到有知人之明。

刘邦作为至高无上的帝王，最难能可贵的是有敢于承认"吾不如人"的勇气和胸怀。一个领导者，只有看到"吾不如人"的地方，才能发现人才，取人之长，补己之短，才能调动大家的积极性，优势互补，形成强大的领导团队。我们看到一些领导者，一旦当了大官，成了一把手之后，听到的多是赞誉之词，久而久之，便失去了自知之明，只会被别人欣赏，而不会欣赏别人，处处觉得"人不如我"，很少看到"我不如人"。即使你本事再大，如果老子天下第一，一个人包打天下，其结果必然和项羽一样，落得个四面楚歌、众叛亲离、霸王别姬、一败涂地的下场。

在历代皇帝中，唐太宗或许是一位听到的批评建议最多、和大臣坦诚对话最多、总结执政经验最多的开明皇帝。他既能以武功建业，又能以文德治世；他既善于识才用才，又勇于保护人才，从而赢得了大臣们的赤胆忠心，在自己周围聚拢起了像房玄龄、杜如晦、长孙无忌、褚遂良、魏徵、温彦博等大批贤臣良将，从而开创了贞观盛世。对于在开国兴邦方面功劳卓著的元勋，唐太宗念念不忘，特别设立功臣阁，为他们树碑立传，以激励后人。

唐太宗在自己的著作《帝苑》中专门论述了他的

用人之道，他说："智者取其谋，愚者取其力，勇者取其威，怯者取其慎，无智愚勇怯，兼而用之。故良匠无弃材，明主无弃士，勿以一恶忘其善，勿以小瑕掩其功。"这段论述可谓掌握了用人真谛，何等睿智，多么精彩！

唐太宗在去世前两年，又总结了他一生用人理政的五条基本经验：

一、自古以来的帝王，大多猜忌比自己强的人，而我却能看到别人的长处，并把别人的长处当成自己的长处。

二、人的品行才能，不能样样具备，我常能弃其所短，用其所长。

三、作为人主，往往招纳到贤能之士便想置为心腹，而对德才不济的人则予以罢退，推之于鸿沟。而我既尊重贤能之辈，又同情德才不济的人，使贤能之士与不肖之人各得其所。

四、人主多厌恶正直之人，对这些忠贞之士明戮暗诛，没有一个朝代不发生这种事。而我即帝位以来，正直之士，并立于朝，从未责退过一人。

五、自古以来的帝王都只是重视华夏，而轻视边远少数民族。而唯独我爱之如一，视华夷为一家，因此，各种族部落的人都像依靠父母一样地对待我。

正是采取了以上的做法，才使我取得今天这样的成功啊！

二、知人不易　善任更难

善任的前提是知人，而知人又谈何容易？

世界上最难认识的莫过于人。人最看不清、说不准的莫过于自己。

老子讲，知人者智，自知者明。能正确认识别人的人是聪明人，能正确认识自己的人才是最高明的人。

孔子讲，他最担心的事情不是别人不了解自己，而是自己不了解别人。

司马光在《资治通鉴》中感叹说：为治之要，莫先于用人。而知人之道，圣贤所难也！

为什么知人如此之难呢？

人是一种高级复杂动物。人有外表与内心之别，现象与本质之别，片面与全面之别，一时与长远之别。人们看人，往往只看到表面而看不到内心，只看到现象而看不到本质，只看到一时而看不到长远，要想"一眼看穿"是不可能的。诸葛亮被国人视为智慧化身，他在谈到识人之道时说："善恶既殊，情貌不一。有温良而为诈者，有外恭而内欺者，有外勇而内怯者，有尽力而不忠者。"他也犯过因用人不当而遭致惨败的错误，因而感叹人性之难察。人是一种善变的动物，人与环境在互动之中，人能改变环境，环境也能改变人。七情六欲、生老病死，这些都会改变人的思想和心态。特别是在大风大浪、大利大害、生死考验关头，不少人都会起变化，变颜变色，变质变节，从君子变成小人，真正能做到"富贵不能淫，贫贱不能移，威武不能屈"的，世上能有几人呢？

1971年在"9·13"事件，即林彪出逃坠机事件发生后，唐代诗人白居易的一首诗在民间广为流传。诗中说：

> 赠君一法决狐疑，
> 不用钻龟与祝蓍。
> 试玉要烧三日满，
> 辨材须待七年期。
> 周公恐惧流言日，
> 王莽谦恭未篡时。
> 向使当初身便死，
> 一生真伪复谁知？

如果林彪不是在1971年出逃坠机而死，而是在三五年前自然死亡，那一定会被认为是毛主席"最亲密的战友"、"最好的学生"、"最可靠的接班人"，谁会想到他竟是一位企图抢班夺权、谋害毛主席的野心家呢！

白居易这首诗告诉人们，判断一个人的好坏优劣，不能只凭一时一事就下结论，不能道听途说就信以为真，只有经过较长时间的考验才能真相大白。你新到一地工作，有些开始印象很好的人，过了一段时间发现并非如此；有些开始印象不好的人，过了一段时间却发现是一个很好的人才。有的领导干部下去考察，只凭走马观花的印象和只言片语的汇报，便当场封官许愿，或就地免除干部。这种做法，看起来雷厉风行，作风果断，其实只是为了树立个人权威，它不但不符合用人制度，而且十有八九会选错人。

能不能识人，是个智慧高低问题；而如何用人，问题就复杂多了，它关系到权力的分配和使用，关系到个人的前途，关系到事业的兴衰。利益关系的复杂性决定了用人的艰难性。

在干部人事制度上，最常见的问题就是用人与治事相脱节，知人者不用，用人者不知，治事者不管人，管人者不治事，这就难免会发生"乔太守乱点鸳鸯谱"

的现象。

在讨论干部任用时常常发生这种情形：越是处于要害部门、知名度越高、大家越了解的干部，争议越多，越不易通过；越是处于偏僻岗位、知名度不高、大家不熟悉的人，越容易通得过。越是酝酿已久、人们认为有戏的人，偏偏没戏；越是人们认为没戏的人偏偏有戏，这显然同知人善任的原则是相背离的。

用人中的最大难点是领导层意见不一。在干部选任过程中真正拥有提名权、决定权、否决权的只是领导层的几个核心成员。这些成员对某个干部的了解程度不同、观察角度不同、喜恶标准不同、亲疏关系不同，看法也不尽相同，正所谓"横看成岭侧成峰，远近高低各不同"。如果领导核心层存在着派系之争，在选人用人上的分歧意见就会更加明显。按照常规，领导层对提名人选存在争议，就会暂时搁置下来，一次有争议被搁置，两次有争议又被搁置，从此这个干部可能被长期搁置起来，很难再提到桌面上来，真是个人才也被埋没了。

选任干部一要受干部职数的限制，二是受论资排辈的影响。有些素质很好，公认度很高的干部，因为台阶站得满满的，只好等空位，一等二等，一个人才的最佳使用期可能就错过了。

三、如何辨别干部

在新时期，党和政府在选任干部上提出了一系列重要的方针和原则，包括"革命化、年轻化、知识化、专业化"的方针，德才兼备、以德为先、注重实绩、群众公认的用人标准，政治上靠得住、工作上有本事、作风上过得硬、人民群众信得过的选才原则等。如何全面辩证地理解这些方针原则？在贯彻执行中如何针对不同时期的倾向和不同行业的特点突出重点？在实际工作中有些什么经验和教训？

在注重人品的基础上讲政治

选拔干部，历来主张以德为首。然而德是一个非常宽泛的概念，包括政治态度、思想修养、政策水平、道德情操、人品人格、工作作风等多项内容。对德的认识，历来见仁见智，不同的人有不同侧重，不同时期有不同倾向。领导看干部，往往突出政治，首先考虑的是政治态度、政治站队，是不是听话，能不能同上级保持一致。而群众看干部，往往更侧重人品道德，看其对待群众的态度，是不是为群众着想，做好事，办实事。

人品是做人的基本品质，稳定的价值标准和一贯的行为准则，是一个人世界观、人生观、道德观等思想观念的综合体现。在人的所有素质中，人品是第一位的素质，相对于其他素质，人品更具有基础性、贯穿性、真实性、可靠性，更能说明一个人的本质。一个人知识能力不够，可以补充提高，而人品人格一旦定型定位了，改起来很难。如果人品靠不住，其政治立场、政治态度等都是不可靠、不可信的，随时都会起变化。

选拔干部，必须把人品放在第一位。在注重人品的基础上，再去讲政治、讲水平、讲业绩。一个干部良好的人品可以产生巨大的吸引力、感召力、凝聚力和影响力，不令而从，不怒而威。当前干部队伍中弄虚作假、吹牛拍马、以权谋私等不良风气的滋生蔓延，同干部考评中忽视人品有很大的关系。

有人认为人品是一种虚的东西，不好考评，其实不然。具体地说，人品就是人们在评价某人时所说的忠还是奸，真还是假，正还是邪，善还是恶，公还是私，美还是丑。一个人的人品必然会贯穿到做人做事做官的方方面面，反映在家庭生活、工作态度、社会活动等一切领域中,周围的人心知肚明,自有公论。

如果一个人很虚伪,不诚实,喜欢搞些作弊作假的事情,一旦当了领导,必然说假话,报假数,不可能坚持实事求是的思想路线。

如果一个人自私自利,唯利是图,处处为自己打算,一旦当了领导,不可能秉公办事,奉公守法,必然以权谋私,搞各种不正之风。

如果一个人处世油滑,见风使舵,两面三刀,一旦当了领导,不可能坚守信念,坚持原则,保持对组织的忠诚。

如果一个人对父母、亲人、朋友无情无义,不忠不孝不敬,一旦当了领导,不可能亲民爱民,全心全意为人民服务。

如果一个人思想古怪,不切实际,喜欢想入非非,一旦大权在握,必然乱提口号,瞎折腾,把社会当成自己古怪思想的实验室。

在历史上,选官用人不讲人品有过沉痛的教训。

北宋时期的王安石被列宁誉为"中国11世纪的改革家",他推行的变法是中国封建社会中最波澜壮阔的一场变法,这场变法之所以失败的重要原因之一,就是王安石奉行"党同伐异"的组织路线,只讲站队,不讲人品，刚愎自用，排斥异己。像吕惠卿、曾布、蔡京等一批势利小人打着"拥护变法"的旗号混进革新阵营，占据要位，飞黄腾达。而一些像韩琦、富弼、司马光、欧阳修等人品、学问俱佳的名臣泰斗，因为对革新有疑义而遭到排斥打击。小人得势，必然结党营私；树敌过多，必然阻力重重，从而导致变法的失败。

在"文化大革命"中，把"路线对了一切全对，路线错了一切全错"、"革命无罪，造反有理"的口号引入到选人用人中，使得社会沉渣泛起，人妖颠倒，一些人靠造反起家，一些人靠出卖良心、出卖朋友得势一时，还有一批野心家、两面派、投机分子、风派人物窃取领导岗位，造成了祸国殃民的严重后果。

党的领导首先是政治领导、思想领导。作为执政党必须善于从政治上观察和处理问题。各级党委书记，首先是一个政治官员，是所在单位的第一政治责任人。作为党的书记，必须懂政治，讲政治，抓政治，有高度的政治敏感性和政治判断力，密切关注社会的各种思想、政治、理论动向，精心研究和处理各种社会矛盾，协调各种关系，善于开展思想政治工作，驾驭好政治局面。选择党委书记，不同于选择一般的公务员或事务官，必须把具有较高的思想理论修养、能够把握政治方向、具有丰富的政治工作经验以及善于抓大事、谋全局作为根本条件，不能认为现在以经济建设为中心了，只要会搞经济、抓项目，招商引资搞得好，就可以当党的书记。我们纠正了过去那种片面突出政治，搞空头政治，只算政治账、不算经济账等"左"的做法，但也不能矫枉过正，走向另一面。在党委的工作日程中，不但要议经济，而且要议政治，议文化，议社会，议党建，促进经济建设、政治建设、文化建设、社会建设、生态建设以及党的自身建设全面协调发展。千万不能把党委变成财经委，把党办变成招商引资办。对广大群众，不但要做好事，办实事，努力为群众谋利益，而且要开展各种切实有效的思想政治教育，不断提高群众的思想道德素质和文明水平，否则，即使经济上去了，生活改善了，群众照样不满意，天下仍然不太平。

在注重实绩的基础上讲公论

实践是检验真理的根本标准，也是检验干部的根本标准。一个干部的德、能、勤都应当体现在实践中，落实在实绩上。如果一个干部不会干事，干不成事，既不能发展事业，又不能造福百姓，那有何德何能？再"勤"也是做虚功，瞎忙乎！

考评干部必须把实绩作为最根本的标准。只有注重实绩，才能防止看人的主观任意性，才能有效抵制用人唯亲、跑官要官等用人上的不正之风。

干部的实绩，应当是实实在在、不含水分的实绩。应当是符合"三个有利于"标准，即有利于发展社会生产力、有利于增强我国的综合国力、有利于改善人民生活的实绩。应当是符合科学发展观的要求，有利于促进社会全面协调可持续发展的实绩。应当是得到广大群众认可、经得起时间检验的实绩。

考评一个干部的实绩，应当从三个方面考虑：一是同前任的关系。前任打下的基础如何，在多大程度上延续了前任留下的正确主张和优良传统，推进了前任开拓的事业，消化了前任留下的问题。二是自己任内的成就。提出了什么新思路、新目标，并在多大程度上得到实现，有什么新突破、新进展、新局面。三是给后任留下什么。是打下了一个好基础还是留下了一个烂摊子？是播下了收获的种子，还是埋下了祸根？如果干部轮换过快，在一个岗位屁股还没坐稳就调走了，那很难评价他的政绩。有的干部上任伊始，便捷报频传，那很可能是前任基础打得好，关系理得顺，"前人栽树，后人乘凉"。有的干部新到一地，暂时打不开局面，那也许是因为原来基础薄弱，前任留下的矛盾太多，一时难以扭转。有的干部搞短期行为，注水政绩，寅支卯粮，竭泽而渔，即使任内轰轰烈烈，能算是政绩突出的好干部吗？

"雁去留声，政去留名。"当一个干部在位时，人们说好说歹，并不足为凭。只有当他离任后，过了若干年，等浑水沉淀下来后，人们仍然怀念他，感谢他，那才是真正的政绩和口碑。

一般说来，一个干部实绩好也会有好公论、好口碑，但实绩和公论并不能直接划等号。那些勇于改革创新、敢于坚持原则的干部，在选举中总会丢一些票。因为改革创新就会触动旧体制、旧观念，打破旧的利益格局，从而引发一些人的疑虑和不满。而要坚持原则，敢于负责，就会得罪一些人。而我们的事业最需要的，恰恰是这种勇于改革创新、敢于坚持原则的开拓型干部。

目前在干部考评中流行大面积群众测评的方式，这是了解社情民意、扩大民主参与的一种积极探索，但对这种测评结果应当进行科学分析。如果让市委书记、市长对属下的几十位部委办局的负责人进行排队打分，也未必说得准，更何况"千人测评"、"万人测评"呢？这种千人、万人测评带有很大的随意性和不确定性，测评的范围越大，往往失真度越高，可信度越低，因此对民主测评必须做科学的分析判断，决不能以民主测评的得票多少为序来决定干部的选任。在这种大规模群众测评中，批评意见最多的往往是社会矛盾比较集中的热门领域和窗口部门，这种批评反映了群众对政府在这个领域工作的关注和不满，而并非只是对这个部门领导个人的意见。比如城市环境污染，群众就会对环保局有意见，其实真正污染环境的并不是环保局，环保局恰恰是治理污染的，它固然负有执法不严、整治不力的责任，但要彻底消除污染、扭转环境又决非环保局的力量所能解决的。

总之，考评干部应当以实践论高下，以实绩论英雄，在这个基础上再去谈论民意，民意才更加具有真实可靠性。

在注重领导能力的基础上讲学位

在选择大学校长以及科研院所、文化艺术单位的行政负责人时，如何处理领导能力和学术地位的关系是一个非常现实的问题。

大学校长是一所大学的领导者、组织者、管理者。大学校长的定位首先应当是一位教育家、教育管理专家,有没有领导管理能力是选任大学校长的先决条件。在这个前提下,学术水平越高,社会声望越大越好。

作为大学校长应当具有良好的科学文化素养,具有一定的从事教学科研工作的阅历,但最重要的因素并不在于此。一位合格的大学校长,第一,应当懂教育。具有先进的办学思想,掌握办学规律,尊重学术自由。第二,应当懂人才。具有正确的人才理念,善于识才、育才、用人、护才,懂得人才成长规律,能够正确把握知识分子政策。第三,应当懂管理。善于把学校的各种资源组织好、整合好、调配好,确保学校这部机器规范有序地运转,能够调动各方面的积极性,不断提高学校的整体办学效益。第四,应当懂政治。通晓党和国家的基本路线和大政方针,努力把大学发展与国家战略密切结合起来,妥善处理传统与创新、适应现实与面向未来、民族文化与外来文明等关系,从讲政治、讲大局的高度把握好学校的思想理论导向,驾驭好改革发展稳定的大局。

在大学领导中,所谓外行与内行是一个经常纠缠不清的问题。一所大学,有几十个、上百个专业,隔行如隔山,任何人都不可能是万能专家,门门内行。

你是物理学专家，对经济学可能是外行；你是人口学专家，对地质学可能是外行。所以，任何专家都是内行与外行的统一。要当好校长，不仅在于他的专业背景，更重要的是具有跨专业对话的能力；不仅是个"专才"，更重要的是个"通才"；不仅善于处理学术问题，更重要的是善于处理公共事务，能够应对各种复杂的人际关系和乱七八糟的问题。

搞学问和当校长，是两个跨度很大的不同领域，在思维方式、行为方式上有显著区别。一个好学者，未必是一个好校长。世界上那些诺贝尔奖获得者和著名学者，担任大学校长的极少；同样，世界上许多著名大学，校长往往并非由著名学者担任，而是由社会活动家、筹款专家或退岗政要担任。在某些发达国家，大学基本上定格定位了，校长主要的事情是两件：一是网罗人才，设法把优秀教员聘来，把优秀学生招来；二是筹措资金，改善办学条件。只要有优秀的人才、优越的条件，大学就会兴旺发达。

在选拔大学领导者时要防止两种倾向：

一种倾向就是选派一些不熟悉教育规律和人才成长规律的人担任大学领导，他们很难适应大学管理的特点，也不易在知识分子中树立起威信。

另一种倾向就是只注重学术地位而忽视领导管理能力，把是不是两院院士、著名学者作为选任大学校长的首要条件。有些著名学者，既有很高的学术水平，又有较强的领导能力，他们担任大学校长无疑是最合适的。有些著名学者，正处于学术创造力的高峰时期，又不擅长做管理工作，与其让他们去做力不从心的校长工作，不如让他们集中精力去从事学术研究，这样他们的社会贡献可能更大。有些著名学者对行政管理工作既不擅长，又不热心，让他们担任校长工作，不仅影响了他们的业务成就，而且会耽误整个大学的工作。

四、提防小人得志

选拔干部，关键是抓住两头：一头是掌握上线，选贤任能；一头是守住底线，提防小人。既要知道什么人适合当干部，又要知道什么人不能当干部。

所谓"君子"和"小人"，是一种道德区分而不是法律裁定，是一种舆论评价而不是组织结论。走正道即为君子，违正道即为小人。

这个世界上有君子就有小人，这也是一种对立统一。究竟是君子多还是小人多,很难定论。对一个人而言,身上既有君子的成分,也有小人的成分,百分之百的君子或者说百分之百的小人是不多见的。究竟是君子因素主导还是小人因素主导,同社会环境、用人导向有着极大的关系。如果社会风清气正,就会造就君子;如果风教凋敝,则会产生小人。"用一君子,则君子皆至;用一小人,则小人竞进矣。"

翻开历史不难看出,君子得志和小人得势几乎旗鼓相当,平分秋色。即使是盛世明主,也会误用一些小人。

春秋时期齐国为五霸之首,齐桓公既重用了管仲、鲍叔牙等一批贤臣良将,也亲近了易牙、竖刁等一些奸佞小人。管仲临终前曾忠告齐桓公务必斥退这帮小人,但驱逐这帮小人之后,齐桓公食不甘味,寝不安心,活得很不开心,于是又将易牙、竖刁等调回身边并让他们掌控了宫中大权。在齐桓公病重不能理事后,易牙、竖刁等兴风作浪,大乱朝廷,齐桓公作为一代英杰,竟落得个死无葬身之地的悲惨下场。齐桓公为什么会宠信易牙、竖刁等卑鄙小人呢?因为这些小人能遂其所意,投其所好,满足其贪酒、贪色、贪玩的私欲。

武则天是中国历史上一位权谋出众、才智超群的女皇帝,然而她也重用了索元礼、周兴、来俊臣等一批心狠手毒、无恶不作的酷吏,因为她篡取皇位之后,需要有一批爪牙为她铲除异己,消灭政敌。

由此可见,有时小人得势并非只是因为皇帝的昏聩,而是皇帝想借助小人来达到不可告人的目的。

唐太宗在总结自己执政17年的经验时,特别讲到对付小人是件非常困难的事。他说,皇帝只有一个脑袋,而周围有一帮人整天琢磨如何对付你。有的靠勇力,有的靠辩才,有的靠谄媚,有的靠奸诈,有的靠投其所好,满足你的私欲,如此等等。他们无孔不入,像车轮一样轮番攻击,皇帝稍不注意,就会中了圈套。看来,皇帝也很难当啊!

清朝重臣孙嘉淦曾向乾隆皇帝递交过一份著名奏折——《三习一弊疏》,深刻地揭示了在盛世名主时期容易发生的不良社会风气以及在选才用人上可能发生的偏误。奏折中说,在盛世明主时期,容易产生以下三种不良风气:

一是"出一言而盈廷称圣,发一令而四海讴歌",长此以往,皇帝听惯了歌功颂德之声,必然"喜谀而恶直",不爱听真话、实话、直话了。

二是"上愈智而下愈愚，上愈能而下愈畏"，皇帝自以为是，唯我独尊，下面的人就会唯唯诺诺，温良驯服，习惯了这种状况，皇帝必然"喜柔而恶刚"。

三是当政通人和、国运昌隆时，皇帝就会"高己而卑人"，把一切功劳都归于自己的英明。不尊重人才，人才见之多而以为无奇也。不体谅下层官员的艰辛，认为底下的人做事都是很容易的。下面只敢报喜，不敢报忧，故意粉饰太平，久而久之，皇帝必然"喜从而恶违"。

一旦"喜谀而恶直，喜柔而恶刚，喜从而恶违"这三种不良风气形成后，必然造成一种流弊：喜小人厌君子也。

奏折进一步描述了小人采取的各种手段：

在语言奏对上，君子笨嘴拙舌，而小人巧言令色，曲意奉承。

在公共关系上，君子实实在在，而小人八面玲珑，奔走朝廷。

在上级考绩时，君子耻于言功，而小人工于显勤，善于吹嘘。

君子和小人各有自己的才干，君子把才干用于工作，埋头苦干，而小人则挟其所长，投人所好。

长此以往，皇帝的天平就会向小人倾斜，认为"其言入耳，其貌悦目，其才称心"，于是小人便得志升天了。

西汉学者刘向把官员分为"六正"和"六邪"，选官时应当扶"六正"，祛"六邪"。

"六正"是选官的标准，为政的准则：

一曰圣臣，即具有远见卓识，能洞察一切，防患于未然的人。

二曰良臣，即进善言，出良策，进退有节，没有野心的人。

三曰忠臣，即举贤任能、治国安民不辞辛劳的人。

四曰智臣，即明察善断，为主排忧解难的人。

五曰贞臣，即奉公守法，廉洁自律，忠于职守的人。

六曰直臣，即忠于社稷，敢说真话，在国家昏乱时敢于挺身而出、犯颜苦谏的人。

"六邪"是为奸的尺度，这类人决不得为官。

一曰具臣，即投机钻营，见风使舵，谋官贪禄的人。

二曰谀臣，即溜须拍马，曲意逢迎，偷合苟容的人。

三曰奸臣，即面善心恶，阳奉阴违，背后捣鬼的人。

四曰谗臣，即巧言善辩，挑拨离间，蛊惑人心的人。

五曰贼臣，即专权擅政，结党营私，假传圣旨，作威作福的人。

六曰亡国之臣，即颠倒是非，混淆黑白，蒙蔽主上，败坏主上声誉的人。

历史经验告诉我们，国家治乱的关键，在于君子小人之进退。而君子小人进退的关键，在于领导者的用人导向。"亲贤臣，远小人，此先汉所以兴隆也；亲小人，远贤臣，此后汉所以倾颓也。"（《出师表》）古人在提防小人上形成的这些认识和经验，对今人仍有着一定的警示作用。

五、干部制度的改革

改革开放以来，我国在干部制度上不断改进和完善，大批优秀领导人才和政治精英被选拔到干部队伍中来，使干部队伍的素质、结构和领导能力得到显著提高，我国改革开放和现代化建设事业所以能取得辉煌成就，一个根本原因就在于有一支坚强有力、奋发有为的干部队伍。然而，现行的干部制度中仍然存在着一些年久日深的弊端。

1980年8月18日，邓小平同志在中央政治局扩大会议上发表了《党和国家领导制度的改革》的重要讲话，在深刻反思过去经验教训的基础上，他一针见血地指出了我国领导制度和干部制度中存在的五大主要弊端，即官僚主义现象，权力过分集中的现象，家长制现象，干部领导职务终身制现象和形形色色的特权现象，为我国政治体制改革指明了方向。近三十年过去了，邓小平当年列举的那些弊端，有的得到了很好的解决，有的解决得还不太好，有的曾有所解决后又重新反弹，有的至今尚未解决甚至还有所发展。

当前我国干部制度中突出的弊端仍然是权力过分集中，少数人划圈圈，甚至个别人说了算。正像邓小平所说的那样："权力过分集中的现象，就是在加强党的一元化领导的口号下，不适当地、不加分析地把一切权力集中于党委，党委的权力又往往集中于几个书记，特别是集中于第一书记，什么事都要第一书记挂帅、拍板。党的一元化领导，往往因此而变成了个人领导。"

党管干部的原则是正确的,世界上任何执政党都会掌握住干部任用权。如果执政党不管干部,那就会大权旁落,所谓执政权就是空话。问题在于党如何管干部。

过去党管干部是通过党委的各个职能部门分口、分类进行管理的,在党委统一领导下,组织部主要负责地方党政机关干部的选任,宣传部主要负责宣传文化系统干部的选任,政法委主要负责公检法系统干部的选任,等等。而现在,在许多地方,不论党、政、事、企,所有干部的任用权一律由组织部统管。组织部门忙于应付各级领导班子的换届和干部的进进出出,而疏于对干部的日常教育和管理。面对着大批干部的考评配置,组织部门忙不过来,只好照章办事,采取标准化、定量化的作业方式。标准是死的,而人是活的。标准是统一的,而人是多种多样的。标准化的方式有助于保证干部的合格率,但却往往把一些杰出人才,有个性、有特色的人才拒之门外。选人用人只有不拘一格,才能人才辈出,优化结构,优势互补。定量化的考核看起来很科学,但可能忽视了干部素质中最本质的东西,要知道,一个人的本质、信念、人品等因素是无法量化的。

在以往的干部选拔环节中，书记办公会是一个核心环节。在取消书记办公会之后，一把手说了算的现象更加突出。

这种权力过分集中的现象造成的后果，一是管得太多、太宽必然管不细、管不好；二是用人与治事严重脱节；三是为用人唯亲、跑官要官、买官要官等不正之风提供了可乘之机。绝对的权力意味着绝对的腐败。古人曾指出过，选官制度上权力过分集中是跑官要官之风日盛的根本原因，只要"万品千群，俄折乎一面；庶僚百位，专断于一司"，其后果必然是"嚣风遂行，不可制止"，自谋官职者必能获得，从而造成"官邪国败，不可纪纲"。

现行干部制度中的另一个突出问题就是自上而下的委任过多，而自下而上的选举太少。

委任制的优点是有利于树立上级权威，保证集中统一，提高领导效率，但缺乏民主，不易监督，只是由少数人选人，在少数人中选人，不公开，不透明，大多数干部群众缺乏必要的知情权、参与权、选择权和监督权。有些干部虽然是经过选举程序产生的，但实际上候选人名单都是事先内部审定后才进入选举程序的。

这种委任制造成的后果，势必是干部只对决定自己命运的上级负责，设法讨好上级，而不对下负责。这种政治恩赐式的任命增加了干部对上级领导个人的感恩和敬畏，而减少了对组织的忠诚。在委任制下，用人唯亲、用人失察、跑官要官等现象是不可避免的。

干部制度改革的根本方向是民主、公开、竞争、择优，大力提高干部选任的科学化、民主化、制度化水平，其中第一要义是民主。

干部制度改革的前提，是总结我党用人的成功经验，借鉴国外的有益做法，吸取古人的用人智慧，正视现行干部制度的弊端，针对当今社会的流弊。

邓小平曾指出，改革干部制度应着力解决权力过分集中，兼职、副职过多，党政不分，以党代政以及交接班等重大问题。

现行干部制度最根本的弊端就是权力过分集中，不正视和触动这个弊端，其他的改革都难以到位。世界之大，贤才之多，决非一人一司可以掌握的，即使他再公正，再敬业，再辛苦，也会埋没众多人才，产生众多失误。试想，一个五六个人的处室，承担着几百名、上千名干部的考核评定、升降进退，怎么可能深入了解、过细工作呢？在党管干部、统一调控下，应当按照权责一致、人岗相适、用人治事相统一的原则,对干部实行分类管理,分层管理,适当分散权力,实行多部门参与和制约。分权是加强和改善管理的有效办法,多头负责总比一头负责好。只有适当分解权力,才能互相监督和制约;只有管得少,才能管得细、管得好。

民主选举是干部制度民主化的基本形式,是世界公认的弊端相对较少的民主形式。它有利于调动群众民主参与、民主监督的积极性,有利于广开贤路、发现人才,有利于防止用人的不正之风。通过选举产生的干部必须对选民负责,用自己的政绩取信于民。当然民主选举也会选错人,但选举本身也包含着一种纠正机制,选民不会一再被欺骗,这次选错了人下次一定会把他选下去。选举制产生的失误相对委任制产生的失误要少得多。在今后的干部选拔中,应当扩大选举制的比例,减少委任制的份额。

提名环节是干部选任中最初始、最重要的环节,它最具神秘性,也最容易掺进私心杂念和不正之风。干部一旦进入到提名名单,至少有80%以上的命中率。如果进入不了提名范围,一切都谈不上。改革干部制度必须首先从提名环节开始,解决由谁提名、怎样提名、如何确定提名人选以及谁来承担提名责任等问题。在提名环节中应当把少数人关门划圈变为多元化提名、多渠道推荐，把领导提名、组织提名、群众提名、个人自荐、竞争性提名等相结合，经集体研究决定提名人选。

在干部的提名、考察、酝酿、选举中，必须实行差额原则。只有差额，才有比较，才有竞争，才能选择，才能择优。等额选举只是形式民主，不过是"认认真真走过场"而已。在选举中应当尊重选举人的意愿，让他们自主选择，不能强行引导、暗示或施压。

干部制度改革的根本目标是建立起一种公平公正、竞争择优，广聚贤才、才尽其用，能上能下、能进能出的富有生机活力的用人机制。衡量干部制度优劣的根本标准，就是看能不能多出人才，快出人才，出杰出人才，形成一支坚强可靠、奋发有为的浩浩荡荡的干部队伍，确保国家长治久安，各项事业兴旺发达，中华民族伟大复兴的目标早日实现。

干部选择

人生充满着选择，几乎无时无刻不在进行选择。大到人生道路、政治态度、求学求职、恋爱婚姻，小到衣食住行、生活琐事，都需要做出选择。

人生的道路是漫长的，但十字路口只有几个。人生的选择成千上万，但影响一生、决定命运的选择只有几次。选择正确，可能受益无穷；选择错误，可能抱恨终身。因此，在重大选择关头，必须仔细权衡，慎重行事，防止"一失足成千古恨"。

选择是一种自由，是一种自主，是一种权利和责任。选择的机会越多，余地越大，说明你自由度和自主权越大。当你无可选择或被迫选择时，说明你已经失去了自由和自主，陷入了被动。然而，选择机会过多，也会带来更多的困惑、更多的错乱，需要承担更多的责任。

对领导干部来说，经常面临着一些基本的选择。这些选择不是可有可无的选择，而是必须做出的选择；

不是无关紧要的选择,而是关系国家大局、关系党和政府形象的重大选择。如何选择,这不仅是对领导水平、工作作风的衡量,而且是对政治信念、价值标准和官品人品的考验。

一、做人与做官

注重做人,这是中国特有的一种社会文化现象,是中华文明的一个核心内容。这里讲的做人,不是生物学意义上的概念,而是社会伦理学意义上的概念。

在中国人看来,人生在世第一位的问题是学会做人。一个人做人、做事、做官都是相通的,做人为本。只有首先学会做人,才能做好事、做好官。做人决定做官,人品决定官品。一个人品不正的人不可能成为好官,即使官职再高、权势再大,也缺乏人格的力量,不能为人信服。一个领导干部,做事应当精明一些,做人应当糊涂一些,做事总会有得失成败,但做人应当经得起时间的考验。

在中国五千年的文明史中,逐渐形成了一套为人处世、待人接物的准则和规范。这些准则和规范世人皆知、约定俗成、代代相传,已经成为人们的一种交往方式、行为习惯、生活态度，成为一种乡规民约和舆论力量，对社会秩序、文明风尚起着巨大的引导、监督和规范作用。许多人可能没有文化，不懂法律，但却知道如何做人处世，这种以德治国与依法治国相结合的方式，成为具有中国特色的社会治理方式。

做人之道是一门大学问，有许多经典，有许多实例，有许多楷模。我们的先哲制定了一套循序渐进的做人标准。

第一步，做好人和善人，不要做坏人和恶人。

第二步，做君子，不做小人。所谓君子就是有道德有学问，又具有一定社会地位和社会声誉的人。

第三步，做志士仁人。所谓志士仁人，就是志向远大、胸怀天下、任重道远、意志弘毅，为了实现伟大的理想抱负不惜杀身成仁、舍生取义的人，也就是我们今天所说的英雄模范人物。

第四步，做圣人贤人。所谓圣人贤人，就是具有大智大德、大义大勇，足以担当大任、成就伟业、治国兴邦、造福天下，成为能立德、立功、立言，流芳千古的伟大人物。

我们的领导干部，应当在做人上有高于常人的目标和追求，为群众树立榜样。不但要做一个好人、善人，而且应当努力成为当今时代的仁人志士和圣人贤人。

人是社会的动物，必然要在一定的社会关系中生活，任何人都是多种社会角色的统一体。做人的道理，主要体现在能够正确处理上下左右、父子夫妻、同事朋友等各种社会关系，营造一种和谐的人际关系环境。领导干部的社会定位不能只是做官，还应当模范地履行自己其他社会角色应当承担的道德义务和社会责任。在履行公职中，应当像个领导干部的样子，不该说的话不说，不该做的事不做，不该去的地方不去，注意维护干部的良好社会形象。而在日常生活中，应当去掉自己的官气、官腔、官架子、官威风，像普通人一样，懂人情世故，知礼尚往来，树立一种真实自然、亲切平和的形象。任何官员都是从老百姓中来，最终还要回到老百姓中去，如果只会过官场生活，不会过平民生活，那是一种很不幸的事。官场之交，多为市道之交。有的干部在位时前呼后拥，门庭若市，甚为风光；而一旦退出官位，则完全是另一副景象，成了孤家寡人。

西方一些政客，在公众场合故意摆出一副热爱生活、重视家庭、关爱亲人的姿态，以显示自己的人情味和亲和力。英国首相布莱尔在其夫人生小孩期间,要求休"父亲产假",在家照顾夫人和孩子。当时媒体大肆炒作,为布莱尔赢得了不少人气。我们一些媒体在宣传优秀干部时,常常人为地加以拔高,片面地把他们描绘成"只顾大家,不顾小家"、"只要事业,不要生活"、"只能尽忠,不能尽孝"的人,使得这些模范人物可爱而不可亲,可敬而不可学。其实,一个受人崇敬的优秀干部,应当是最有爱心,最懂亲情,最有情有义、有血有肉,最能体现中华民族优秀道德传统的人。

二、说真话与说假话

一个人应当说真话还是应当说假话,这是一个最简单明了的道德问题,连儿童也知道正确答案,然而在实际生活中这却是一个最难解决的"老大难"问题。

孔子在《论语》中几十次谈论诚信问题,他把"为人谋而不忠乎,与友交而不信乎,学而时习乎"作为自我修养的三大基本问题,每天几遍进行自问自省。可见,诚信问题是多么重要,要做到又是多么不易!

诚信,是做人之本,人无信不立。

诚信,是企业的生存之道,失去诚信就会失去顾客,失去市场。

诚信,是政府对公民的最大尊重,是取信于民的首要品质。对政治家来说,失去诚信等于政治上的自杀。

诚信,是社会的道德基石,一旦失去诚信,就会社会失序、道德沦丧,一切法制、行政都无能为力。

美国著名领导学专家库赛基和波斯纳围绕着"领导人的特质"这一题目,对数千家企业和政府部门进行了连续的跟踪调查和20年研究,在列举的20多项领导人特质中,位居前四位的是诚实、有远景、能鼓舞人心、能力卓越。这四大特质被认为是领导人的四大先决条件,或称领导人"四大支柱"。其中"诚实"始终是第一选项,是部下的第一需要,是领导的最高法则。部下最期待的莫过于领导者真心待人,信守承诺,言行一致,说话算数。

个别人说假话,或是有时说假话,这在任何时期都难以避免。如果弄虚作假成为一种流行病,形成一种社会风气,那就不只是个人的过错,而主要是社会大环境的原因,首先是领导者的责任。群众不讲真话,不怪群众,只怪领导;下面不讲真话,不怪下面,只怪上面。

现在,领导干部说真话、听真话、了解真实情况越来越难了。领导下基层调研考察，往往警车开道，前呼后拥，采取走马观花、观光旅游式的考察方式，一天要跑五六个点。所去的地方都经过事先踩点，汇报的情况也经过精心准备，这种调研考察，能了解多少真实情况呢？有的领导召开座谈会，与会人员的发言稿、发言时间、发言顺序都要经过事先审定。会上，每个人都照稿宣读，缺乏坦诚对话、平等交流和有来有往的讨论。这样，又能听到多少心里话呢？即使上级对文件草案和领导讲话初稿征求意见，听到的也多是随声附和之词，征求意见会往往变成了谈学习体会的会。

这种风气到了非改不可的时候了。

在说假话问题上，我们是有过沉痛历史教训的。

1958年我国曾发生过吹牛浮夸风盛行的状况。1959年在庐山会议上，又发生了彭德怀因为说真话而遭致横祸的事件。由此造成党内和社会上弄虚作假成风，造成祸国殃民的严重后果。

在1962年中央召开的七千人大会上，刘少奇同志曾经尖锐指出：由于一些领导人作风不正，是非不分，造成党内主观主义滋长，弄虚作假成风。有些说老实话、做老实事，敢于反映真实情况、敢于实事求是地说出自己意见的人，不但没有受到表扬，反而受到不应有的批评和打击；有些不说实话、作假报告、夸大成绩、隐瞒缺点的人，没有受到应有的批评和处分，反而受到不应有的表扬和提拔。这就必然在人们心目中造成"谁老实谁吃亏"的不正常印象，有些人甚至把作假当作聪明，把老实当作愚蠢。要改变这种不良风气，首先由领导做起。周恩来总理也指出："要大家讲真话，首先要领导上喜欢听真话，反对说假话。"

在历史上所以出现魏徵这样敢说真话的"诤臣"，关键在于有唐太宗这样主张兼听则明的"明君"。毛主席也曾鼓励干部、党员要敢讲真话，要有一种"五不怕"精神，即不怕撤职，不怕开除党籍，不怕杀头，不怕坐牢，不怕老婆离婚。但如果说真话需要付出撤职、开除、杀头、坐牢的代价，世界上敢说真话的人可能没有几个了。

如何对待说真话问题，孔子提出一个很有智慧很讲策略的办法，他说："忠告而善道之，不可则止，勿自辱矣。"他还讲："可与言而不与之言，失人。不可与言而言之，失言。知者不失人，亦不失言。"也就是说，一个聪明人，说话要看环境，要看对象，既要忠言相告，良言相劝，又要讲究方式，把握分寸，适可而止。对值得说的人就说，对不值得说的人不必啰嗦，没完没了地唠叨就会自找没趣，引来羞辱。

其实一个人说真话很不容易，不说假话并不难，环境不好你不说就是了。2007年教师节时，温家宝总理去看望北京大学季羡林教授。季先生讲，他一生最大的优点是说真话，不说假话，他奉行的原则就是"假话全不说，真话不全说"。这是一个饱经沧桑的世纪老人总结出来的人生箴言。

当前，诚信缺乏是我国社会风气中一个突出的问题，假政绩、假新闻、假文凭、假广告、假名牌、假账目、假药、假奶等现象屡见不鲜，严重干扰和破坏了市场秩序、道德风尚和政府形象。要改变这种风气，必须从领导干部做起，从党和政府做起，首先打造一个诚信政府。一个诚信政府，应当言必信，行必果，说老实话，办老实事，不虚报政绩，不掩盖问题，不粉饰太平，不说大话空话，不订不切实际的指标，不乱开空头支票，不朝令夕改，不做那种口惠而实不至的事情。在党内，必须始终坚持实事求是的原则，勇于发扬"批评和自我批评"的作风，营造一种"说真话、说实话、说心里话"的良好氛围。一个人说真话可能会吃亏上当，但不能因吃过亏上过当就去说假话，变成一个虚伪的人。越是高层领导，越要带头讲真话，敢于听真话，引导别人说真话，以真换真，以诚换诚。讲真话不是随心所欲，个人想说什么就说什么，重要的是反映真实情况，反映老百姓的心声。你可能不喜欢直言快语、敢说真话的人，但应当坚持"言者无罪，闻者足戒"的原则，千万不能排斥打击那些敢讲真话、敢报实情的忠贞之士。一个领导者的身边，不能只有"和珅"，没有"魏徵"；只有一群"喜鹊"，没有几只"乌鸦"。如果你身边都是一帮察言观色、见风使舵、溜须拍马、阿谀奉承的势利之徒，那就离垮台不远了。

三、当官与发财

当今社会，机会很多，诱惑很多，漏洞很多。一个领导干部，要想以权谋私，是很容易的事；要想洁身自好，则需要时时警惕，严防死守，倒是件不容易的事。特别是那些处在实权部门、要害岗位的干部，只要想要，几乎能得到自己想要的任何东西。因此，领导干部必须管好自己，时时自警、自省、自戒、自律。任何教育都代替不了自我教育，任何法律纪律都代替不了自律。对干部来说，最关键的防线是自守。

当干部必须明白一个道理：想当官就别想发财，想发财就别想当官。君子生财有道，取之有方。"道"就是合理，"方"就是合法。不能利用职权，巧取豪夺，发不义之财；要见利思义，不可见利忘义。在利益面前，要想想自己该不该得，该得的未必就得，不该得的千万不能得，绝不能发不义之财。一旦你得了别人的好处，就得给人办事，就会受制于人，或许从此你的命运已经掌握在别人手里了。

《道德经》讲："名与身孰亲？身与货孰多？得与亡孰病？是故甚爱必大费，多藏必厚亡。知足不辱，知止不殆，可以长久。"一名领导干部应当懂得，名声与生命、生命与财富、得到与付出的利害关系。过分地追求名利势必付出更大的代价，过多地聚敛财富势必遭到惨重的损失。只有懂得满足才不会受到屈辱，懂得适可而止才不至于遭致失败，才能长治久安。

《礼记》讲："敖不可长，欲不可从，志不可满，乐不可极。"一个人傲气不可滋长，欲望不可放纵，意志不可自满，快乐不可过度。名利犹如美食，谁都喜欢吃，但不能贪食，否则，一定会吃出毛病来。

干部最大的特点是有权，但这个权是公权而不是私权，必须慎用手中的权力，公权公用，公事公办。

不能私事公办，公私不分，更不能以权谋私，搞权钱交易、权色交易、权名交易。

一个领导干部应当"广交众，慎交友"。尽可能扩大交往面，同社会各界、三教九流、各个层面的人接触，特别要多同普通百姓接触。如果你同官员交往，谈论的多是"官本位"的话题；如果你同学者、名人接触，关注的更多是成名成家；如果你同宗教人士接触，探讨的是如何淡泊名利，超脱红尘；如果你同普通老百姓接触，最关心的莫过于就业、升学、看病、住房，如何过上好日子。只有同社会各层各面的人保持广泛接触，才能真实了解社情民意，寻找到社会公认的公共价值观，也有助于自我心理平衡。如果只同富人、名人、贵人打交道，你的价值观就会发生倾斜，心里也会产生不平衡。"心理不平衡"这正是干部犯错误的开始。领导干部切忌拉帮结派，搞自己的小圈子，千万不要同那种心术不正、投机钻营、唯利是图的人搞在一起，否则，很容易被人利用，落入圈套，被拖下水。不要迷信那种只有天知、地知、你知、我知的神话，"要想人不知，除非己莫为"，只有不做亏心事，才不怕半夜鬼敲门。

干部是安邦治国的重要人才，是千里挑一、万里挑一选拔出来的。党和国家要培养一名能镇守一地、主管一方的领导人才是很不容易的。一个干部要在激烈的竞争中脱颖而出、取得成功，也需要日积月累，付出巨大的心血。尽管当干部挣不了大钱，但日子一般也不比别人差，还有地位、权力、声誉等别人所没有的东西。因此，要珍惜来之不易的职位，自重自爱，好自为之。如果贪图眼前利益，为一套房子、一批"外财"，断送了自己一生的美好前程，甚至弄得身败名裂，家破人亡，那是很不值得的。一个干部一旦走上领导岗位，就如同上了秋千架，务必时时小心，千万不要放松自己，否则一松手就甩出去了，弄不好会跌得粉身碎骨。

四、现任与前任

铁打的营盘流水的兵。我们的事业是长期的，而干部总是暂时的，新老交替、干部轮换是正常的事情。在干部的经历中，必然会遇到如何处理现任领导与前任领导的关系问题。

在干部交替中，我们常见的一种现象就是"新官上任三把火"。第一把火，就是匆匆忙忙否定前任领导；第二把火，就是匆匆忙忙颁布新政，提出一套新目标、新口号、新政策；第三把火，就是匆匆忙忙动组织手术，搞大换班或采取"杀鸡儆猴"的办法。这"三把火"的背后是一种浮躁心理作怪，有哗众取宠之心，无实事求是之义，反映了这种干部政治上的不成熟和为人上的不厚道。

在外国多党制或两党制的政体下，一旦执政党更迭，原来的在野党上台，自然会搞"三把火"，否定前任，发布新政，搞一朝天子一朝臣。我国的政治体制同国外不同。我国是中国共产党长期稳定执政，党的基本路线、大政方针是连续的。一项伟大的事业需要几代人继往开来地奋斗。这就像是一场长跑接力赛，需要一棒接一棒地跑下去。等到你接棒的时候，如果你认为前一棒跑得好，那你应当再接再厉，继续领先。如果你认为前一棒跑得不理想，那就应当快马加鞭，追赶上去。只有傻瓜、笨蛋才会宣布，前几棒跑得不好，统统不算数，自己要推倒重来，从零开始。

一代胜过一代，后人超越前人是自然规律，不然事业怎么发展，社会怎么前进？因此在干部交替之后，新任领导者不能一切照旧，而应当力求有一种新气象、新局面，在思路、政策、人员安排上做一些调整是正常的。前任领导应当欢迎后任领导对自己的做法进行必要的改进。然而，新任领导应当清醒地意识到，当务之急是集中精力干好自己的工作，而不要首先在挑剔前任的毛病上花很多心思。如果说，当你不在位时靠评头论足、批评当局还能显示自己的某种高明、动员起某些群众的话，那么当你主政之后，靠批判前任并无助于提高自身的威信。指责别人不行容易，而要证明自己行并不容易。这时，群众不看你怎么说，而看你怎么干；不在你想法多，而在你有没有办法；不在你许了多少愿，而在你兑现了多少。

没有调查研究就没有发言权。即使本事再大的人，刚到一地，在情况不明、心中无数的情况下，也很难抛出什么高明的方案。那种下车伊始，便哇喇哇喇，到处发议论、作指示的人，只会使人反感，一开始就给人留下不好的印象。

新官上任，切忌进人太锐、谋事太急、气焰太盛。上任之初，最要紧的是稳定人心、稳定干心、稳定局面。团结面越大越好，树敌越少越好。切忌自己的位置还没坐稳，就开始搞人事调整，以人划线，弄得人心惶惶。这样人为地树立了很多"政敌"，增加了领导的阻力，削弱了执政的基础。某些在原有秩序下不得意、不得志的人，在新官到来时往往表现得很活跃，整天围着你转，说三道四。他们想通过批评前任领导的无能、歌颂现任领导的英明来讨得你的欢心，以便得到某种好处。而前任领导所器重的骨干也会在一段时间内冷眼观察，保持沉默。新任领导这时听到的可能是倾斜的舆论和"一边倒"的声音，千万不要为这种声音所左右，凭一时的好恶而决定人事的去留。如果你能把前任依靠的骨干变成自己依靠的骨干，把怀疑者变成拥护者，那是最高明的。

五、对上与对下

各级领导干部是党和国家领导体系中承上启下的重要环节，是上情下达、下情上传的重要渠道。如何处理对上和对下的关系，这关系到组织原则和政治纪律，也反映了党风、政风和干部作风的状况。

处理对上和对下的关系，根本原则就是坚持对上负责和对下负责的一致性，干部的水平就在于能不能找到并坚持这种一致性。这种一致性的基点就是实践，就是群众。实践是检验一切政策正确与否的根本标准。为群众服务，对群众负责，这是一切政策的出发点和归宿点。政策的好坏、干部的优劣，归根到底要看实践效果，看群众是否满意。

在任何一个有效的组织体系中都会实行"下级服从上级"的原则，下级应当维护上级领导的权威，保持政令的畅通。如果各自为政，各行其是，就会一盘散沙，一事无成。中国经济体制改革取得成功的一个关键组织因素，就在于有一个强有力的执政党，有一个有高度权威性的政府调控体系。

下级对上级的忠诚、负责、服从，并非只是建立在单纯的组织纪律的基础上，根本的原因在于上级领导机关站得更高，看得更远，更了解全面，更顾全大局，因此下级对上级的服从，与服从真理、服从大局、服从长远利益是一致的，是建立在自觉的基础上而不是建立在盲从的基础上。对待错误的领导、错误的决定，不但不应当盲目执行，而且应当敢于抵制。正如毛主席所说："共产党员对任何事情都要问一个为什么，都要经过自己头脑的周密思考，想一想它是否合乎实际，是否真有道理，绝对不应盲从，绝对不应提倡奴隶主义。"（《整顿党的作风》，《毛泽东选集》第三卷，第829页）

在我国封建社会时期，就存在官员"公忠"还是

"私忠"之说。公忠,就是忠于国家,忠于社稷,忠于百姓,而非只是就君臣个人关系而言。社稷意识应当超越君臣关系,不论君臣上下均应忠于江山社稷。只有臣忠于君,君忠于民,方能天下为公。一个真正的忠臣,应当对上尽言于主,对下致力于民,对己修义从令。私忠,只是忠于君主个人,愚忠愚孝,绝对服从,君臣之间是一种人身依附的主仆关系。今天,我们对上级领导的忠诚、负责和服从,是建立在立党为公、执政为民的基础上的,是公忠而非私忠。健康的组织生活,不是下级对上级的完全依顺,而是上级和下级的平等交换和相互依赖。上下级干部之间是平等的同志关系,而绝非封建时代的人身依附。

我国现行的民主集中制原则是民主与集中的有机统一体,它本质上是一种民主制度,而不是一种集权制度。民主集中制一方面体现了民主选举、少数服从多数、集体领导、会议决定、尊重多数人的利益和意志等重要民主内涵,另一方面也作出了"个人服从组织、下级服从上级、全党服从中央"等纪律规定。在解读民主集中制时,人们往往忽视了上面的民主内涵,而侧重于下面的"三个服从"。民主集中制的基本要求是"民主基础上的集中"和"集中指导下的民主",其中民主是前提，是本质，是目的。而集中是手段，是过程。如果不讲民主，只讲集中，必然导致官僚主义、主观主义，助长个人崇拜和个人专断，发生苏联斯大林时期和我国"文革"期间的悲剧；反过来，如果只讲民主，不讲集中，就会造成无政府主义的混乱。在实际操作中，上级机关应当侧重保证"在民主基础上的集中"，防止权力的异化和变质。下级单位应当切实注意"在集中指导下的民主"，防止各自为政。在中国这种封建专制传统根深蒂固的国情下，尤其要防止个人独断专行的发生。

六、照抄照搬与开拓创新

对待上级指示，最流行的说法就是"原原本本地传达，不折不扣地贯彻"。其实，这并不是对待上级指示的科学态度和正确做法。一个奋发有为的干部，对待上级指示应当遵循四条基本原则：

一是吃透精神。在认真学习理解的基础上，弄清本质，掌握要领。"不惟明字句，重在得精神。"原原本本、照抄照搬是最简单不过的，只要识字，谁都会做。只有掌握了精神实质，才能解放思想，守住底线，从心所欲而不逾矩。

二是弄清下情。在调查研究的基础上，搞清自己单位的实际情况，摸准群众的脉搏，了解社情民意，做到心中有数。

三是搞好结合。把理论与实际、上情与下情结合起来，找到贯彻上级指示的结合点、切入点、突破点。结合才能落实，结合才有实效。干部的领导水平就在寻找结合点上。

四是开拓创新，创造性地贯彻执行。上级政策是针对面上一般情况制定的，各地情况千差万别，实践发展千变万化，对上级指示只讲"不折不扣"是远远不够的，切不可生搬硬套搞"一刀切"，没有区别就没有政策。一个负责任的干部应当把握政策原则，守住政策底线，在贯彻执行中审时度势，该坚持的必须坚持，该变通的适当变通，该修补的适当修补，对某些不合时宜的地方，该突破的要敢于突破。

江阴市华西村是中国农村发展的一面旗帜。华西村的带头人吴仁宝是真正的农民英雄，他在农村工作了一辈子。吴仁宝在总结基层工作经验时说了一段发人深省的话，他说：华西村是一个村级单位，上面至少有五级领导——中央、省、市、县、镇。各级领导都对华西村做过不少指示,都应当贯彻执行。可是各级领导的要求未必一致,全部执行就很难办。上级精神也在不断调整变化中。上世纪六七十年代,上面强调"一大二公,以粮为纲",多种经营、私营个体砍得越光越好。到 80 年代推行包产到户,似乎集体的东西都分掉才对。现在,苏南地区又在推行"三集中",即耕地向规模农业集中,农户向居民社区集中,乡镇企业向工业园区集中。如果不从自己的实际出发,盲目地赶潮流,事事都想当排头兵,政策一调整就被动了,也不可能有华西村今天的局面。

吴仁宝感慨地说:千难万难,一切从实际出发,做到实事求是最难啊!

相信群众,依靠基层,尊重基层干部群众的首创精神,这是群众路线的基本要求,是我们的事业永葆生机活力的源泉。

我国改革开放的一条根本经验,就是务必把基层干部改革创新的积极性发挥好、保护好、引导好;务必把广大群众劳动创业的积极性发挥好、保护好、引导好。只要把基层搞活了,把群众的手脚放开了,让人们放心放胆地去劳动、去创业,去创造自己的美好生活,那政府的包袱就减轻了,我们的事业就大有希望。哪个地方放得开、搞得活,哪里就生机勃勃;哪个地方管得死、统得多,哪里就死气沉沉。过去在高度集权统一的计划体制下,折腾来,折腾去,人们劲没少使,汗没少流,但江山依旧,面貌未改,人们一直过着缺衣少食的穷日子。改革开放后的30多年,还是这方土地,还是这些人群,却呼风唤雨般创造出了巨大财富,奇迹般地改变了城乡面貌,这是为什么?根本原因就是把基层放活了,把群众放开了。改革开放中许多具有划时代意义的创举,如联产承包、乡镇企业、特区的试验、个体民营经济的发展等,并不是首先由上面设计出来的,而是首先由基层的干部群众闯出来的。邓小平同志的英明伟大之处,就在于他总是满腔热忱地鼓励基层干部群众解放思想,振奋精神,大胆地试,大胆地闯,大胆地冒。他始终密切关注着下面的改革尝试,及时总结经验,突破一点带动全局,用典型推动工作。

基层出经验、出政策,实践出真知、出人才。我们不要总以为上级一定比下级高明,干部一定比群众高明。现在,各级领导机关中增加了许多高学历、高文化的知识分子干部,大大提高了干部队伍的知识化和专业化水平。但值得注意的是,有些人属于"三门"

干部，从家门到校门再到机关门。他们书本知识多，实际知识少，缺乏基层锻炼和群众工作能力，对国情民情知之不深，对基层干部缺少体谅，他们制定出的一些条条杠杠，往往不切实际，在实践上很难行得通。

在上级机关定政策、发文件、作指示的时候，一定要弄清下情，不耻下问，先当学生，后当先生。多数基层干部持有异议的东西，不要匆忙决定，强行下发。"治大国若烹小鲜"。在一个法治社会里，不能政出多门。如果既要依法治国，依政策治国，依文件治国，又要以讲话治国，以批示治国，那就必然造成许多交叉和混乱，弄得下面穷于应付，无措手足。现代社会信息很发达，在领导干部的案头上，围绕一个问题会有各条渠道提供的信息：有机关报送的，有记者采访的，有群众上访反映的，有网络流传和街头议论的，真真假假，五花八门。领导干部在没有核实之前，不宜随意表态，轻率批示，防止"批示满天飞"。在工作中有时会发生这样的情况：在一个失真的信息上，领导却做了"正确的批示"，弄得基层左右为难。如果不传达，封锁领导批示，违反了组织原则；如果传达，会影响领导的威信；如果贯彻，可能会造成不良的后果。

七、报喜与报忧

"报喜不报忧",这是古今中外常见的一种官场病,也是一种常见的社会流行病。近年来,这种报喜不报忧的风气日渐增长。分析形势,只讲有利面,不讲不利面。总结工作,对成绩津津乐道,夸大其词;对问题轻描淡写,遮遮掩掩。向上汇报工作,只讲好事,只说好话,不谈矛盾,不提意见。到下面考察调研,只去先进单位,不去后进地方,喜欢"访富问甜",很少"访贫问苦",如此等等。

报喜不报忧虽然不等于弄虚作假,但片面性也是一种不真实,同样违背了实事求是的原则。它使得领导机关难以掌握全面情况,准确判断形势,进行科学决策。使得工作中的矛盾和问题不能得到及时解决,以致贻误时机,铸成大错。这就像一个医生给患者看病一样,如果医生报喜不报忧,只讲血压正常,而对血糖、血脂、心律等不正常的指标一律隐而不报,这样做虽然可以使患者高兴一时,但最终必然延误治疗,害了患者。

报喜不报忧的问题所以久治不愈,蔓延滋长,根本的原因在于上级领导"闻喜则喜,闻忧则怒"。下级干部"报喜得喜,报忧得忧"。上有好焉,下必甚焉。上面喜欢歌功颂德,下面就会大讲丰功伟绩;上面希望"形势大好",下面就会大讲"莺歌燕舞"。

前些年,片面追求 GDP 的政绩观助长了报喜不报忧的风气,各地之间围绕数字展开激烈的竞争。每到年底向上报告经济发展数字时,干部左顾右盼,颇费脑筋,担心报低了影响政绩,影响形象,自己吃亏,甚至出现了"干部决定数字,数字决定干部"的奇怪现象。有些人就是靠虚假数字、注水政绩而升官受奖的。

开展批评和自我批评。这是中国共产党的三大优良作风之一,是党克服自身错误、正确解决党内矛盾的有力武器,也是检验党内生活是否民主化、正常化的试金石。正如邓小平所说:"不犯错误的党,不犯错误的人,不犯错误的领导是没有的。问题在于及时总结经验,用批评与自我批评的精神检查工作。这样,就可以不使小错误发展为大错误,发展为路线性的错误;就可以使党员和干部从正确经验中受到教育,也可以把错误变成肥料,将坏事变成好事。"(《邓小平文选》第一卷,第346、347页)现在,党内批评和自我批评的风气越来越淡薄了，一些领导干部丢掉了批评和自我批评的作风，取而代之的是表扬与自我表扬、吹捧与自我吹捧的庸俗风气。对于一个长期执政的政党来说，没有批评和自我批评是非常危险的。

任何时候，形势都有两面性，既有有利因素，也有不利因素。任何地区，既有光明面，也有阴暗面。任何工作，既有成绩，也有问题。因此，分析形势，总结工作，必须实事求是，一分为二。成绩要讲够，问题要讲透。肯定成绩有利于团结鼓劲，找出问题有利于改进提高。对外宣传应当正面为主，考虑社会的承受力；而关起门来则应当多找问题，多看差距。有的干部从对上和对外报喜不报忧，发展到在领导班子内部也掩盖问题，封锁消息，担心揭露问题会影响威信，承担责任，致使小问题变成大问题，小事端演变成大事故。

毛主席有一段名言："什么叫工作，工作就是斗争。哪些地方有困难、有问题，需要我们去解决。我们是为着解决问题去工作，去斗争的。"领导的责任就是解决问题。一个有远见的领导者应当具有高度的敏感性，始终保持忧患意识，善于见微知著，未雨绸缪，及时发现和解决潜在的或处于萌芽状态的问题，这样才能保持工作的主动权。一个优秀的干部不是抹平问题,而是在事故发生前把问题挑出来。在处理报喜和报忧的先后关系上,人们通常的做法是先报喜后报忧,其实正确的办法应当倒过来,先报忧后报喜。成绩晚报一些也跑不了,恰恰是问题、隐患应当及早发现,及时报告,以便迅速采取补救措施,把事故消灭在萌芽,消化在基层。现在不少突发事件、重大灾难的发生,并非事先没有苗头,而是发现了苗头隐而不报,使劲捂住,最后事情闹大了,盖子捂不住了,才不得不向上报告,可惜为时已晚,已经来不及补救了。

八、讲套话与讲新话

对于"文化大革命"中那种"假、大、空"的文风,人们早已是深恶痛绝了。经过拨乱反正,重新确立了实事求是的原则,文风大有好转。现在,讲套话之风又开始流行。在一些讲话、文件和宣传文章中,一些新套话、新八股司空见惯,四处流行,内容空泛,言之无物,不讲修辞,缺乏文采。一篇讲话,洋洋万言,人们能听得进、记得住的没几句,大部分都是空话、老话、套话和"正确的废话"。这不仅影响了一些领导干部的形象,也损害了党风政风和民风社风。

在文化大革命中,人们迫于政治高压,不得不违心地去讲套话。而今天,社会政治环境比较宽松,没有人强迫你讲套话,也没有哪个人因为不讲套话而受到追究,那为什么套话依然流行呢?

一是因为缺乏读书学习、深入思考,脑子里没有知识武装,缺乏独立见解,只好抄书抄报。

二是因为缺乏调查研究,脱离实际生活,不能从火热的群众实践中吸取鲜活的材料和丰富的营养,只靠自己拍脑袋哪能产生出生动活泼的东西呢?

三是会议太多,忙于应酬,整天像演员赶场子一样到处赶会,逢会必讲,来不及认真准备,只好照本宣科,念别人写好的稿子。

四是因为思想不解放,担心讲新话、讲自己的话会踩线,不如讲老话、讲套话保险。

关于转变文风、会风、话风的问题,近年来不知写了多少文件,发了多少号召,但并不见好转,这个问题已经成为一种风气,一种时弊,人人头痛,看来不狠下决心集中进行一番专项整治是解决不了问题的。

在延安时期,我们党曾经以加强学习和自我批评为手段,展开了一场历时三年的整顿"三风"运动,即反对主观主义以整顿学风，反对宗派主义以整顿党风，反对党八股以整顿文风。毛主席发表了《改造我们的学习》《整顿党的作风》《反对党八股》这三篇精彩演讲。在《反对党八股》一文中，毛泽东淋漓尽致地列举了党八股的"八大罪状"，即：空话连篇，言之无物；装腔作势，借以吓人；无的放矢，不看对象；语言无味，像个瘪三；甲乙丙丁，开中药铺；不负责任，到处害人；流毒全党，妨害革命；传播出去，祸国殃民。毛主席号召全党要像"老鼠过街，人人喊打"一样扫除党八股，使它没有藏身之地，并大声疾呼："洋八股必须废止，空洞抽象的调头必须少唱，教条主义必须休息，而代之以新鲜活泼的、为中国老百姓所喜闻乐见的中国作风和中国气派。"今天，重读一下这三篇著作，对扭转时下的不良风气无疑会起到巨大的作用。

《易经》认为，世上万物不离三大原则：一是变易，万物皆变；二是不易，事物的本源和规律是不变的；三是简易，简易才是事物发展的最高原则。尽管万事万物奥妙无穷、变化无常，但只要找到了规律，掌握了原理，就会由繁而简，由难而易。任何伟大的真理都是简单、平实、易懂的。有些人所以啰里啰嗦，是因为不得要领；所以含混不清，是因为思维混乱。

一个优秀领导者，必须抛弃官僚主义、繁琐主义、文牍主义的作风，不论讲话、做报告、写文章，都应当追求"简约为美"的原则。"文则数言乃成其意，书则一字已见其心。"在学风、文风、话风方面，邓小平为领导干部树立了典范。他坚持讲真话、讲实话、讲短话、讲新话、讲自己的话，旗帜鲜明，要言不烦，实实在在，一语中的。一篇南方谈话，只有八千多字，对于困扰改革开放的许多思想理论问题和举棋不定的政策举措，给予了深思熟虑、一锤定音的回答，起到了振聋发聩的作用。这篇谈话，浓缩了邓小平理论的精华，把他的创新思维推向了新的高峰，成为中国特色社会主义理论的经典之作。

领导者的本事就是善于将复杂问题简单化，能够从杂乱的信息中选取最有价值的内容，从纷繁的意见中理出清晰的思路，然后以简洁有力的语言说明自己的意图。越是简单明了，人们越容易记住，越不易发生误解，越便于操作执行。凡是喜欢开长会、讲长话的人，大多是不受群众欢迎的人；凡是喜欢讲套话、讲空话的人，讲得越多，威信越低。

领导境界

一个干部的领导水平并不是天生就有的,也不是只靠读书就能得到的,更不是由地位和职务派生出来的。提高领导水平的最有效办法,就是把勇于实践、善于总结、勤于学习、不断思考紧密结合起来。

领导工作是一种最有个性特点、最具个人创造空间的岗位。怎么当领导并没有万能的药方,没有可以照抄照搬的模式,别人的领导经验也是很难复制的。同样一个岗位,不同的人会有不同的干法。同样一种政策,不同地方执行下来会有不同的效果。领导与其说是一门科学,不如说是一种智慧,一种艺术。领导工作是一种实践性很强的学问,岗位锻炼、实践经验对提高领导水平至关重要;但阅历本身并不能变成智慧,必须不断总结,不断思考,才能上升到理性认识,去指导今后的工作。两个在同一起点起步的干部,一个善于学习思考的人同一个不善于学习思考的人,几年下来在领导水平上会形成巨大的落差。一个干部,如果满足于辛辛苦苦地工作，必然是日功有余，年功不足，年复一年地在同一水平上反复；如果只局限于自己的狭隘经验，不去借鉴前人的智慧和别人的经验，也不可能成为卓越的领导者。

一个干部，当他地位不高、权势不重、根基未稳的时候，权力的行使会受到方方面面的制约和监督，也会不断听到批评的声音，这时，一般态度比较谨慎，注意学习提高。而一旦地位高了，权势重了，工作中说话算数甚至可以说一不二了，权力的行使很少受到外部的制约，再也听不到也不想听到批评的声音了。这时，往往失去了学习提高的外部压力和内在动力，原来受到压抑的不良天性和种种奢望贪欲就会显露出来，犯错误的机会也大大增加了。越是拥有高度权威的领导者，越有可能犯常人犯不了的大错误。

做官当干部，是最具风险的职业，是最难把握自己命运的职业，也是未来最不确定的职业。干别的事情，如读书做学问或做生意，你可以有明确的奋斗目标，而做官当干部是不能有个人目标和个人野心的。因为做什么官，在哪里做官，或是做多大的官，并不取决于自己，而是取决于选民的态度和上级领导的安排。所谓领导局面，就像是一张三条腿的桌子，如果三条腿都落实,就能保持局面的平衡。如果不小心使一条腿悬空了,顷刻之间,就会形势突变,局面颠覆。因此,做官当干部,要始终保持一种"战战兢兢,如履薄冰"的态度,切不可得意忘形,忘乎所以,你决定不了别人的态度,但可以管住自己。

人生如同一场数学游戏。如果你是一名学者,那是在做"加法"。不论开辟了一条路或是堵死了一条路,不论是证实了一个命题或是证伪了一个命题,那都叫学问。

如果你是一名商人,那是在做"加减法"。经营中可能有赚有赔,但只要最终赢利了,那就是一个成功的企业家。

如果你是一名领导干部,那是在做"乘法"。如果政策对头,方法得当,发动群众,你可以作出高于常人几倍几十倍的业绩,创造出改天换地的奇迹。但如果政策失误,方法失当,那就会造成严重的社会后果,等于"乘以零"或"乘以负数",就会前功尽弃。对领导者来说,功是功,过是过,功过是不能相抵的。做学问,搞研究,可以说"失败是成功之母";而搞政治,做领导工作,应当稳扎稳打,确保政策的成功,绝不能说"失败是成功之母"。对一个领导者来说,政治的失败和政策的破产，后果是难以预料的。

一个地方、一个单位的主要领导者，其水平高低、工作优劣同那里的社会治安、事业兴衰、百姓福祉是紧紧联系在一起的。一个领导者，如果能把自己的权力、地位与自己的崇高理想、聪明才智结合起来，可以干成许多一般人干不了的大事情，在振兴事业、促进发展、创新体制、革除积弊、起用人才、造福百姓方面创造出许多辉煌的业绩。相反，如果只想做官，不想干事，因循守旧，不思进取，不求有功，但求无过，虽然没犯什么错误，但他损害的是整个事业，殃及的是所有百姓，造成的耽误、带来的损失是无法估量和难以补救的。对领导干部来说，无功即是过，不干事是最大的错误。这种占着位子不想干事的干部，比那种虽然有错误但想干事的干部要差许多。

学海无涯，学无止境。同样，仕海无涯，学无止境。一个干部一旦走上领导岗位，就肩负起了组织的重托和群众的期望，把自己的命运同整个事业联系在一起，如同安徒生童话《红舞鞋》的芭蕾舞女一样，一旦穿上红舞鞋就要不停地跳下去，把全部生命的激情融入到追求的事业中，用事业的辉煌来回答"我为什么活着"的命题，铸就人生的价值。

不论是古人讲的"修身",还是今人讲的"修养",其中"修"的本义就是自我学习、自我反省、自我修正、自我改造、自我完善。领导干部应当把"活到老,学到老,改造到老"作为自己的座右铭,始终保持一种学习进取之心,向书本学习,向实践学习,向他人学习;始终保持一种敬畏之心,敬畏天地,敬畏前贤,敬畏领导,敬畏群众;始终保持一种自省自律之心,战胜自己的弱点,战胜自己的不良天性,战胜自己的种种奢望和贪欲,不断去追求一种更真更善更美的领导境界。

一、远见卓识

领导者是引领群众走向未来的人。具有强烈的方向意识、战略头脑、远见卓识、未来眼光,是一个优秀领导者必备的素质。

不畏浮云遮望眼,只缘身在最高层。

能够成就大事业的领军人才,应当有大智慧,大视野,大谋略,比常人站得更高,看得更远,善于透过眼前纷繁的现象而预见到未来的发展,在危机中能找到机会,在黑暗中能看到光明。

当年红军在井冈山斗争时期，面对大革命失败后的严峻形势，一些人发出"红旗还能打多久"的悲观论调，而毛主席却从当时中国社会矛盾的分析和敌我双方力量的比较中，作出了"星星之火，可以燎原"的论断，为陷入困境的中国革命指明了出路。

在上世纪90年代初期，面对国际上苏联解体、国内"八九风波"后思想混乱、经济低迷的局面，一些人被外有压力和内有困难镇住了，不敢解放思想，有所作为。邓小平在视察南方的谈话中，一改常人对形势的判断，提出了"抓住机遇，解放思想，深化改革，加快发展"的战略思想。以此为转机，党和政府迅速调整对策，从而使我国进入了一个连续十几年经济保持两位数增长的新阶段。

开拓型领导人才的一种特质，就是具有远大的理想追求，充满创造未来的激情。他们对自己的理想怀有高度的自信，充满着必胜的意志，坚信自己能够改变现状，创造出超越前人的业绩。如果一个领导者不能描绘出一幅美好的远景，不能勾画出一张充满吸引力和诱惑力的蓝图，那就无法动员和鼓舞人们加入自己的奋斗行列，组成一支浩浩荡荡的创业大军。任何挑战现状的尝试都会充满风险，甚至会带来失败，如果你不敢承担风险，那就不可能承当大任，成就大业。在创新创业的过程中，领导者应当以身作则、身先士卒地去奋斗、去献身。越是在困难和危急关头，越要发挥中流砥柱的作用；越是在人心混乱、军心动摇的时刻，越要头脑冷静，稳住阵脚，发出坚定的声音，始终给人以斗志，给人以鼓舞和信心。在过程没有结束之前，不要认为完了。最后的胜利往往存在于再坚持一下的努力之中。

最没有出息的领导莫过于急功近利、鼠目寸光，一遇困难就灰心丧气，一遇危机就六神无主。

二、当机立断

一个称职的领导者，应当具备的基本领导能力就是判断力和决断力。对杂乱无章的信息能理出头绪，对七嘴八舌的议论能理清思路。讨论问题时不能含含糊糊、模棱两可，而应当有一个明白的说法和鲜明的倾向。决定问题时不能拖泥带水、久拖不决，而应当明确发出"行还是不行"、"干还是不干"的指令。在提高判断力和决断力上，领导者追求的目标就是能够做到当机立断。

第一，当机遇到来时要紧抓机遇，抢占先机。

机遇是一种天赐良机，不可多得。对一个国家或一个单位来讲，属于你的发展机遇几十年难得一遇。机不可失，时不再来。抓住机遇或是丧失机遇，带来的后果大不相同。

在19世纪后半期，中日两国都面临变法图强的历史机遇。日本的明治维新取得成功，一跃成为世界工业强国。而中国的戊戌变法遭到失败，沦为半殖民地半封建国家，从而造成了百年的屈辱。

上世纪80年代，中央批准试办四个经济特区，对十四个沿海开放城市给予特殊政策。有些地方应声而动，大胆地试，大胆地闯，创造出一个又一个的奇迹。而有些地方却畏首畏尾，不敢越雷池半步，结果错失良机，只能抱着金饭碗讨饭吃。

机遇是看不见、摸不着的，能不能抓住机遇，关键看领导者的智慧、胆识和超前眼光。机遇本身并不会给你带来财富，但它却是一种潜力无限的资源，关键在于你会不会开发利用。善于开发利用，可以创造出无限的空间和巨大的效益，实现跨越式的增长；而不善于开发利用，不但没有效益，还会受到惩罚。正如古人所说："天予不取，必遭其咎；时予不应，反遭其殃。"一个高明的领导者应当善于审时度势，在机遇到来时，以只争朝夕的精神，迅速应对，全力以赴，此时不动，更待何时？

第二，在遇到紧急情况时，应当勇于承担，敢于决断，利刀斩乱麻地予以处置。

处理紧急情况和突发事件，无疑是一件风险极大的事情。因为在瞬间之内必须作出决断，而决断的正确与否将决定事情的成败，甚至会改变自己的命运。这时候，需要沉着冷静，更需要临危不惧、奋不顾身的精神。特别是现场领导没有什么回旋余地，往往处理越快、出手越果断，付出的代价越小。如果搞得好，还可能把危机化为转机。在军情火急来不及向上请示的情况下，应当"先斩后奏"，或边干边请示。最坏的做法就是借口"商量商量"、"请示请示"来躲避风险，逃避责任。如果事情得以解决，自己也有一份功劳；如果事情办糟了，自己还可以把责任推卸给同事和上级。在应对突发事件时，处理不当固然应当承担责任，而逃避责任、贻误战机更是不可原谅的错误。

第三，在遇到争论不休又必须决断的问题时，要敢于打破僵局，一锤定音。

在决策中，有时会遇到各种意见众说纷纭、争执不下的状况，作为主要领导不能被这种争执所困扰，乱了阵脚，必须设法打破僵局。必要时一把手要敢于力排众议，个人独断。但是，应当知道，你可以"独断"，但不可以"专行"，更不能"一意孤行"。要运用自己的说服力和影响力，把大家带到一个新视野中来，让他们接受既定的方案，设法把"独断专行"变成"独断众行"。

对领导者来说，最可怕的缺点是没有主见，优柔寡断，缺乏必要的判断力和决断力。当断不断，必受其乱。不发扬民主，自己没有主意；越发扬民主，越是一团乱麻，不知所从。工作中经常议而不决，决而不行，一遇到阻力和困难就想改变主意，打退堂鼓。

三国时期的袁绍曾经是最有实力的一个诸侯。他坐拥江北，地广物丰，兵多将广，又收养名士，广树亲信，一度声名远扬。然而，此人最大的缺点就是优柔寡断。虎皮而羊质，色厉而内荏，善闻而不能纳，有谋而不能决，有才而不善用，干大事而惜身，见小利而忘命。结果，官渡一战，一败涂地，从此，也便销声匿迹了。

三、宽厚包容

在人的所有优秀品质中,最可贵的是助人为乐,最难得的是宽厚包容。只要具备了"助人为乐、宽厚包容"这八个字,就可以成为一个有修养、有道德的人。

宽容是一种社会美德,更是一种制度文明。不论是社会美德还是制度文明,都需要领导干部带头实行。

宽容不是示弱,而是示强,是自信和自强的表现。宽容不只是对别人的大度和接纳,更重要的是自我克制、自我战胜。

在中国文化中,宽容的真正内涵是厚德载物,海纳百川,不同而和,和而不同。

在英文中"宽容"一词叫 tolerance,可以解释为一种忍耐力,是承认并尊重他人信仰和行为的能力或行动。

2005 年,联合国教科文组织通过的《人权与文化多样性》的文件中指出,"容忍"是 21 世纪国际关系中必不可少的价值观之一。

领导者的宽厚宽容精神应当体现在这样几个方面:

首先，应当容忍异己的东西，尊重不同的声音，承认多元的环境。

你不是我，我也不是你，彼此有不同的想法是很正常的。你自己的想法也会变来变去，写稿子也会改来改去，说明自己跟自己也有矛盾，也有不同，怎么能要求别人事事处处同自己保持一致呢？

世界的本质是多元而不是一元。"不同"是事物的常态，而相同是个别或暂时的现象。

在自然界，正是因为有不同的物种，才有大千世界，生态平衡。

在社会中，正是因为有不同的阶级阶层、族群和利益集团，才产生了国家，才需要领导。

在政治生活中，正是因为有不同的意见和主张，才需要民主制度，才产生了民主集中制的原则。

在经济生活中，正是因为有不同的经济形式和利益主体，才产生了商品交换和市场竞争。

在文化生活中，正是因为有不同的文化，不同的艺术，不同的风格，才能相互交流，相互借鉴，取长补短，共同繁荣。

因此，领导的水平不在于消除异己，消灭不同，而在于能够求同存异，殊途同归。

决策的学问就是一门求同存异的学问。如果一种方案,被百分之百地拥护,完全一致地赞同,那不一定是好事,很可能是错误的决策,虚假的民主。只有经过不同意见的权衡,多种方案的比较,才能形成优化的方案,作出科学的决策。领导的责任就是通过不同意见的沟通和协调,求得共识。有时候可以求大同,存小异。有时候分歧过大,可以先求小同,细心地找到共识点,然后设法扩大共识,积累共识。切不可扩大争论,激化矛盾。

一个好的领导者就像是一个好的乐师、画师和厨师。乐师的本事是能用不同的音律编排出优美动听的乐曲,画师的本事是能用不同的颜色描绘出绚丽多彩的图画,厨师的本事是能用不同的味道烹调出美味可口的佳肴。如果世界上只剩下一种音律、一种颜色、一种味道,再好的乐师、画师和厨师也无济于事了。

其次,对别人的错误和过失不要过分计较,揪住不放。

人非圣贤,孰能无过,有过知改,善莫大焉。看待干部,不以无过为尊贵,而以改过从善为美德。其实,一个犯过错误并吸取教训的人,可能比没有犯过错误的人更成熟,更可靠,更有免疫力。战败的军队更善于学习。任何外部的教育都不如从自身失误的教训中学习来得更深刻、更难忘。对干部犯错误一定要做具体分析：是偶然的错误还是一贯的问题？是工作中的失误还是基本品质问题？是个人的责任还是大环境造成的？是改革探索中难以避免的失误还是胡作非为、违法乱纪的结果？即使是有大的过失，也要立足于挽救，给人以弃旧图新、将功补过的机会，尽可能把消极因素转化为积极因素，不要一棍子打死，不留任何出路，使其永远成为社会的包袱。

历史上有不少犯过大错误的人，由于领导者宽宏大量，不计前嫌，重新予以录用，从而创造出辉煌的成绩。春秋时期，齐桓公为了成就霸业，对自己的仇人管仲不但未加惩治，反而破格重用，尊为仲父，拜为宰相，用人不疑，言听计从，君臣密切合作40年。管仲忠心辅佐齐桓公励精图治，变法图强，使齐桓公成为春秋第一霸主，而管仲则成为成就霸业的第一功臣。管仲是"礼义廉耻，国之四维；士农工商，国之四民"这一理念的创始者，是对外开放、招商引资的第一人，也是中国古代最卓越的改革家之一。诸葛亮曾把管仲作为自己的学习榜样，称管仲为"千古第一相"。孔夫子也高度赞扬管仲说："管仲相桓公，霸诸侯，一匡天下。微管仲，吾其披发左衽矣。"用现代人的话来讲，如果没有管仲，我们或许还在野蛮世界中生活。假如没有齐桓公这样的宽大胸怀和用人胆识，管仲早已是阶下之囚或刀下之鬼了，齐桓公也不可能创造出这样的千秋伟业。

第三，对伤害过自己的人不要耿耿于怀，蓄意报复。领导者不能得志便猖狂，得理不饶人，对得罪过自己、伤害过自己的人怀恨在心，不依不饶，必欲置之死地而后快。人的宽恕都是相互的，你不宽恕别人，也就得不到别人的宽恕。冤冤相报何时了，苦苦相逼何时消！所谓"君子报仇，十年不迟"并不是什么英雄气概，不值得提倡，而"团结一致向前看"才是和谐社会应有的文明。

佛道在劝诫人生时经常说，自己活也要让别人活，要想自己活得好，也要设法让别人活得好。如果只想自己活，不让别人活，那自己也活不好，甚至活不成。当前世界上某些地方恐怖活动发生的一个深层原因，就是因为某些霸权国家穷兵黩武，到处征讨，横行霸道，欺人太甚。他们只想自己活，却不让别人活。有些人被逼急了，便采取这种恐怖报复的方式，意思就是告诉霸权国家，你不让我活，我也不让你活，干脆大家都不活了。

四、大智若愚

古人讲:"不聪不明不能为王,不瞽不聋不能为公。""专用聪明则功不成,专用晦昧则事必悖。一明一暗,众之所载。"

一个人如果没有聪明,没有智慧,整天糊里糊涂、浑浑噩噩,那是不可能担任领导、治理社会的。然而,一味地耍弄聪明那只是一种小聪明,而不是大聪明,只会取得小的成功,而不可能取得大的成功。人生真正的大聪明大智慧,就是大智若愚,大巧若拙,大辩若讷,大勇若怯。

哈佛大学有学者提出了智商和情商的概念。智商很重要,情商更重要。智商决定职业,情商关系成败。智商决定录用,情商关系提升。一个人的成才成功,不仅在于有没有智慧,比智慧更重要的是能不能与人团结合作,取得别人的理解和支持。一个不会团结、不会包容、不会欣赏、不会感谢的人,必然到处碰钉子,即使是大才也成不了大用。从古到今,不知有多少智者因为专事聪明而功不成。

宋代苏轼是历史上罕见的一位奇才大儒，他诗词、文章、书画样样精通，给后人留下三千多首诗词，不少诗词名句流行千年而不衰。他21岁就考中进士，一生为官，却屡屡受挫。王安石等改革派掌权，他受到打击；司马光等保守派执政，他依然受到排斥。他前后经历了宋仁宗、宋英宗、宋神宗、宋哲宗、宋徽宗等几代皇帝都不受重用。到了晚年，"心似已灰之木，身如不系之舟"。他在一首打油诗中告诫后人："人皆生子望聪明，我被聪明误一生。惟愿吾儿愚且鲁，无灾无难到公卿。"

宋朝时还发生过另外一件事。宋太宗提议让吕端做宰相，不少人反对，认为吕端糊涂。宋太宗认为，吕端小事糊涂，大事不糊涂，足以担当大任。当时，吕端被任为正相，寇准被任为副相。吕端沉稳宽厚，寇准睿智率直，二人共掌相府，相得益彰。毛主席也曾借喻这件事赞扬叶剑英说"诸葛一生唯谨慎，吕端大事不糊涂"。在粉碎"四人帮"的关键时刻，叶剑英果然表现出大智大勇，发挥了力挽狂澜、扭转乾坤的作用。

老子说："知不知，上；不知知，病。"一个人如果知道却装作不知道，留点余地，给别人一点展示才能的机会，那是上策，是做人处世的大智慧和高风格。

如果总喜欢出风头，卖弄聪明，不懂装懂，那是下策，是一种愚蠢，是病态的表现。

日本著名作家渡边淳一写过一本书，叫《钝感力》。书中讲，世界上不仅存在敏锐聪慧这种才能，相比之下，不为琐事动摇的钝感，才是人们生活中最为重要的基本才能。钝感虽然有时给人以迟钝木讷的负面印象，但钝感力却是我们赢得美好生活的手段和智慧。书中还讲到，视力太好的人眼睛太累，听力超常的人思维会受到干扰，味觉过于敏感的人享受不了美食，触觉过于敏感的人容易皮肤过敏，思维太敏感的人容易焦虑等等。一个人只有既有敏感力，又有钝感力，才能身心健康，取得成功。

一个领导者特别是一把手，不要认为自己什么都懂，什么都行，觉得别人什么都不如自己。开会，一个人包揽会场，不给别人讲话的余地；做事，一个人大权独揽，事事自己说了算；总结工作，把一切成绩归于自己，把一切问题推给别人；凡事习惯于说"我"，而很少说"我们"。这种领导，怎么能得到大家的爱戴和拥护呢？

在一个领导集体中，应当彼此取长补短，优势互补，成为一个"八仙过海，各显其能"的战斗团队。

<u>一把手不一定能力最强，他最大的本事是能够把大家聚拢在一起，同心协力、心情舒畅地干事。</u>一把手的责任是出主意，用人才，抓大事，谋全局，不要事必躬亲。一把手的最佳位置应当是想在前头，干在旁边。有些话，与其自己说不如通过别人的嘴说出来。有些事，与其自己干，不如让更合适的人来干，给每一个人都创造一个实现自我价值的机会。在领导班子内部，应当合理分工，明确责任，相应授权，分层管理，实行职、责、权、利相统一的原则。恰当的分工和分权是加强管理的最有效办法，职、责、权、利相统一，是干部履职的基本条件。总之，领导出环境，环境出人才，人才出成果。

清代郑板桥写过一个著名条幅，叫"难得糊涂"。这个世界上真糊涂的人不少，假糊涂的人不多。一个人由糊涂变聪明很不容易，而由聪明变糊涂更是难上加难，这需要很高的智慧和修养。大智若愚正是领导者应当追求的一种大智慧、大修养、大境界。

五、上善若水

"上善若水"，这是老子提出的一条重要哲理，是老子最推崇的一种修养境界。

古人主张以水为镜，以水为师。一个领导干部应当从水身上学习和借鉴哪些品格呢？

第一，应当学习借鉴水那种"善利万物而不争"的大公无私精神。水滋润了万物，养育了众生，造福于世界，然而却从来不争名不争利，无私奉献，不求索取。领导干部应当全心全意地为人民服务，不计较个人的得失。

第二，应当学习借鉴水那种"水滴石穿，以柔克刚"的韧性精神。认准一个目标，就持之以恒、锲而不舍地奋斗下去，不要浅尝辄止，半途而废。英雄不争一时之强，不逞匹夫之勇。柔之胜刚，弱之胜强，这是一种辩证法。世上凡是柔弱的东西往往是最有活力、最有耐力的，而凡是强硬的东西反而往往是脆弱的、不可长久的。比如，小树嫩芽是柔弱的，但却充满着生命活力和远大前途，老树枯枝是强硬的，但却失去活力，接近死亡。因此，老子认为："坚强者死之徒，柔弱者生之徒。"一个高水平的领导者应当刚柔并济、以柔克刚。"文革"后期，邓小平复出时，毛主席曾赞扬邓小平柔中寓刚，绵里藏针，外表上和气一些，内里像钢铁公司。领导干部应当学习邓小平的这种风范。

第三，要学习借鉴水那种高度的应变能力和适应精神。水无定形，水无定势。根据外界情况的变化，它在不断地调整自己。根据气温的变化，可液、可固、可气；根据容器的变化，可方、可圆、可扁；根据染料的变化，可红、可绿、可蓝。有塞则止，有导则流。万变不离其宗，水依然保持着自己的本色。领导干部也需要这种高度的适应性和应变性，因势利导，顺势而为，唯变所适，适其时，取其中，得其宜，合其道，根据情况变化，实事求是地决定工作方针。

第四，要学习借鉴水那种容纳百川、虚怀若谷的包容精神。水所以能够形成一望无际的大海、波澜壮阔的大河、宁静深邃的深渊，就在于它那种伟大的包容精神。领导干部只有具备这种博大的胸怀和包容万物的厚德，才能担负起统领百姓、治理天下的重任。

第五，要学习借鉴水那种甘为人下、低调行事的精神。水正因为甘居低下，才能吸纳百川，汇成江海；正因为避高趋下，所以才不可逆转；正因为所处尽人之所恶，所以无人与之争。我们做人也要像水那样，柔静中蕴藏刚强，谦卑中包含伟大，不争中积蓄力量。善为人者处之下。刘备三顾茅庐、礼贤下士的故事传为千年佳话。在社会交往中,见人点头哈腰鞠躬,就是故意把自己放低一些,以示对人的尊重;在商业经营中把顾客称作上帝;领导干部自称是"人民公仆"、"人民勤务员",都包含着一种善为人下的精神。领导干部应当始终为人谦和,处事低调,少出风头,不要张狂,这样才是长治久安之道。

大学精神

近年来,我国围绕大学精神的探讨非常活跃,人们站在不同的角度都在呼吁"树立大学精神"、"反省大学精神"、"回归大学精神"、"重构大学精神"。大学精神第一次引起如此高度的重视,展开如此广泛的讨论,这是一件大好事。它反映了我国社会的文明进步,也预示着大学的振兴繁荣。

一、我国传统教育理念

我国儒家经典之一《大学》开宗明义,首先论述了大学的总纲领:

"大学之道,在明明德,在亲民,在止于至善。"这里讲的"大学"是指成人之学,讲的是人们修身养性、成才立业、治国安邦的道理。这段话的意思是说,大学的宗旨就在于彰显人的高尚道德,使人们弃旧图新,弃恶扬善,并且不断进取,精益求精,以达到最完美的境界。在"明明德"、"亲民"、"止于至善"这三条纲领下，进而纲举目张，提出了格物、致知、诚意、正心、修身、齐家、治国、平天下这八个条目，这八条可以视为知识分子循序渐进、成才立业的行动路线图。

《中庸》是我国又一部古代教育学经典之作。它的核心思想是引导人们进行自我教育、自我修养、自我约束、自我完善，培育高尚的人性、理想的人格，追求至善、至仁、至诚、至道、至德、至圣，最终成为达到天人合一境界的理想人才。

《中庸》提出求学的基本方法是："博学之，审问之，慎思之，明辨之，笃行之。"即广博地学习，仔细地探究，谨慎地思考，明晰地辨别，切实地执行。

《中庸》还阐述了自我修养的主要原则。一要慎独自修，二要忠恕宽容，三要至诚尽性。这样，才能参天地，育万物，尽人性，做到"博也，厚也，高也，明也，悠也，久也"。惟博厚，方能承载万物，海纳百川；惟高明，方能维系日月星辰，普照众生；惟悠久，方能生成万物，长久无疆。

另外，《易经》中提出"厚德载物，自强不息"；《论语》中提出"博学而笃志，切问而近思"；《师说》

中提出"师者，所以传道授业解惑也"。

这些优秀的中华民族文化遗产对形成当代的大学精神，仍然有着宝贵的借鉴意义。今天，一些大学仍然把一些传统理念作为自己的校训，如清华大学的校训是"厚德载物，自强不息"；复旦大学的校训是"博学而笃志，切问而近思"；四川大学的校训是"海纳百川，有容乃大"；东南大学的校训是"止于至善"；中山大学的校训是"博学，审问，慎思，明辨，笃行"。

二、大学精神的特征

大学精神是在大学长期发展的历史中逐渐积累起来的精神财富，是久经检验为大学公认的价值原则和共同追求的理想境界。

近代大学诞生近千年来，人类社会发生了文艺复兴、工业革命、科技革命、知识经济等重大变迁，大学的规模、功能、社会使命、与经济社会的关系以及办学理念、办学模式也发生了巨大变化。

历史上，大学发生过两次具有里程碑意义的重大变革。

第一次是19世纪初由德国洪堡大学引发的大学革

命。当时,普鲁士教育大臣、著名学者威廉·冯·洪堡创建了柏林大学,后改名为洪堡大学。他奉行大学独立、学术自由原则,摆脱了宗教、政府对大学的控制,使大学具有了真正的办学自主权。他主张大学应以完全的知识和纯粹的学术为目的,大兴科学研究之风,使大学的功能从单一的人才培养扩展为教育中心和科学研究中心,确立教学与科研合一、全面推行人文教育的办学宗旨。这种崭新办学理念的推行,打破了长期沿袭的修道院式的办学传统,改变了大学僵化保守、停滞不前、危机重重的局面,不仅使大学焕发出巨大生机,而且带动德国的科学研究和科学实验迅速步入世界前列,使德国一举成为工业强国。因此,洪堡大学被誉为"现代大学之母",可以说,没有洪堡大学就没有光辉灿烂的德意志文明。洪堡办学模式很快传播到欧美各国,成为众多大学效仿的榜样。蔡元培执掌北京大学期间,正是参照了洪堡模式,实现了北大从旧式学堂向现代大学的转变。

大学的第二次飞跃发生在美国。从 19 世纪末期开始,美国的大学在参照洪堡模式的基础上,开始了新的探索。一是推崇民主化、个性化的理念,要求大学尊重个性权利,保护个性自由,充分发挥个体价值,激发个体的创造活力。二是积极拓展大学功能，推动社会服务，促进大学与科技革命、工业革命、知识经济密切结合互动，推动科技成果向现实生产力的转化。随着依托大学而建立的"硅谷"、"大学城"、"工业园"的异军突起，人们对大学的作用刮目相看。大学也从与社会的紧密结合和卓有成效的社会服务中获益无穷。

由美国领军的这一轮大学改革的创新价值，就在于它打破了象牙塔式的办学模式，把大学的社会功能从人才培养、科学研究这两大基本功能，扩展为人才培养、科学研究、社会服务这三大基本功能，把原来实行的教学与科研相结合，扩大到教、科、经相结合，产、学、研相结合，从而使美国一些大学超越欧洲的老牌大学，后来居上，成为世界上活力最大、实力最强、财力最旺的大学，并促使美国成为世界科技革命的排头兵、知识经济的领头羊。美国大学改革的最大意义，就在于它使大学第一次从社会舞台的边缘走向社会舞台的中心位置，大学不仅只是知识的殿堂和学术的圣地，而且成为经济和社会发展的发动机，成为引领社会前进的一支先锋力量。像哈佛大学等大学形成的这种英才荟萃、学术繁荣、硕果累累、服务卓越、影响巨大、财源茂盛的景象，是以往的大学难以想象的。

在由德国和美国引领的这两次大学改革中确立的理念和积累的经验，无疑应当在大学精神中得到充分的体现。

在大学的历史中，也经历过经院哲学主导、宗教神学主宰科学的黑暗时期，经历着政治强权粗暴干涉，摧残知识、摧残人才的不幸年代，出现过大学与世隔绝、与社会格格不入的问题，发生过大学急功近利、流于世俗的庸俗化倾向，这些失误也应在今后的大学发展中切实纠正。

大学精神应当反映出大学的特质，服从服务于大学的社会使命，体现出教育规律、学术发展规律和人才成长规律。凡是有利于出人才、出成果的理念，就是符合大学精神的正确理念。凡是不利于出人才、出成果的理念，就是违背大学精神的错误理念。对大学来讲，大学精神就是核心，是灵魂，是生命线，是奠定优良校风学风的基础。它就像阳光、空气和水一样，普照和渗透到学校生活的方方面面，不仅为学校的生存发展提供强大的精神动力和思想保证，而且对每一个师生的思想行为、精神面貌发挥着持久的作用。如果没有共同遵循的大学精神，大学就会失去航标；如果没有自己的个性，一所大学也不可能立世扬名。

　　大学精神，不只是大学独有的思想财富，而且应当是社会共有的精神文明。民主的制度，宽容的环境，开明的政府，这是大学兴旺、学术繁荣的必要社会条件。如果一个国家想造就出一流的大学、一流的大师、一流的科技文化成果，那就应当对大学精神给予充分的理解和尊重，尊重科学知识，尊重各类人才，尊重思想自由、学术自由的环境，尊重大学的办学自主权。我国著名科学家钱学森在临终前提出，近几十年我国为什么产生不了卓越的科技文化人才？这个问题一针见血，发人深省。但愿我们的政府和社会、学校和人才，都能以严于律己的精神找准问题，切实改进。

　　大学就是大学，它有着与政府部门、与企业单位、与军队不同的特点。我们不能把大学当成政府的附属品，把"官本位"引入大学；也不能把大学视同企业，让商品交易、赢利至上的原则支配大学的活动；更不能把大学当成军队，要求处处整齐划一，以服从命令为天职。对大学中经常冒出来的那些奇奇怪怪的人物，那些"离经叛道"的想法，那些挑战权威、不守规矩、不满现状、不合时宜的现象，只要无碍大局，不妨多一点忍耐，多一点宽容。

大学是人类文明延续的基地，是一个国家一个民族的精神堡垒，是社会前进的灯塔。大学精神应当体现出本国特色和本民族最优秀的文化传统，凝聚人类文明的最高成果，代表最先进的时代精神，始终成为引领社会文明潮流的方向标。大学长生不老、长盛不衰的基因，就在于它始终站在历史与未来的联结点上，民族与世界的联结点上，传统文化与时代精神的联结点上。

三、塑造当代大学精神

长期以来，我国对大学精神的宣传教育非常薄弱，人们对于大学精神缺乏了解，缺乏共识，更缺乏必要的理解和尊重。失去大学精神的大学，不可能持续健康地发展。

过去一度在"左"的指导思想下，把大学当作阶级斗争的战场，当作无产阶级专政的工具。对于中国传统文化中的优秀教育思想，以及世界各国创造的大学理念，采取历史虚无主义的态度，一概加以排斥。离开人类共同开拓的大学文明发展大道，大学的发展必然要走很多弯路，交很多学费。

改革开放以来,我国高等教育获得了历史性的大发展、大跨越。目前中国拥有着世界最大规模的高等教育,各类高校有2 600多所,在学大学生突破2 900万人。当前,我国高等教育的现状需要大学精神予以引导和规范。大学改革发展中发生的种种困惑、争论和偏颇,需要对大学精神进行一番正本清源的梳理。正在迅速走向现代化和世界化的中国大学,也需要借鉴国外先进的办学理念和成功经验,树立举世公认的大学原则,逐渐走出一条具有中国特色的大学发展道路。

我们应当塑造什么样的当代大学精神呢?

求知、求实、求真、求新的精神

大学是专门传授知识、探索真理的地方。因此,大学精神应当首先体现在对待知识和真理的态度上。

大学是知识的殿堂,它的重要职能就是"囊括大典,网罗众家",聚集古今中外各种知识,融汇人类各种文明遗产,交汇社会各种观念思潮,在各种知识的交汇交流、争鸣碰撞中催生出新的思想火花。一所大学的实力,首先是看它拥有的知识容量,以及创新知识的能力和运用知识的水平。

在大学中,应当充满旺盛的求知欲和好奇心。大学应当比任何地方都更加尊重知识,更加尊重有知识的人；应当比任何地方都更加懂得知识的价值，坚信知识就是力量、知识改变人生、知识改变国运。如果像"文革"时那样，认为"知识越多越反动"，那还办什么大学？那是对大学精神的背叛！对于求知求学，基本的态度应当是"博学之，审问之，慎思之，明辨之，笃行之"。

大学科学研究的使命就是认识未知世界，探索客观真理。在某种意义上说，探索真理比拥有真理更可贵。探索真理的前提是具有怀疑和批判精神，不迷信，不僵化，不固执，不盲从，勇于突破现状，挑战权威，超越过去，标新立异。从事科学研究有一个三段式的思维方式：第一，提出"为什么"；第二，弄清"是什么"；第三，知道"怎么办"。学会这种思维方式，对所有的工作都大有益处。一个好教师，"最有效的教育方式不是告诉人们答案，而是提问"（苏格拉底语）。当人们提出"为什么"的时候，探索真理的过程就开始了。

科学研究的基本原则就是"实事求是"，前提是"求实"，一切从实际出发；目的是"求是"，找到"规律"，找到真理。讲真情，报实数，讲实话，这是最基本的科学作风和科学道德，而弄虚作假则是科学工作者不能容忍的道德堕落。

科技发明的一个特性，就是"独一无二性"。它永远只承认第一，从来不承认第二。因此，在大学的科学研究中必须以创新为生命，鼓励原创，勇争第一，永攀高峰，不断超越。

找到真理固然不易，而坚持真理、维护真理往往更难。正像马克思所说："在科学的入口处，正像在地狱的入口处一样，必须提出这样的要求：这里必须拒绝一切犹豫；这里任何怯懦都无济于事。"从古到今，不知有多少科学家因为发现真理而受到迫害，因为宣传真理而受到打击，因为坚持真理而牺牲生命。在大学中，应当大力倡导为真理而斗争的精神。

以人为本、以学生为本、以人才为本的精神

大学是以人为本的事业。在大学中必须牢固树立以人为本、以学生为本、以人才为本的理念，把关心人、尊重人、理解人、发展人、帮助人作为学校一切工作的出发点。

不管大学的功能如何拓展，如何多元化，但培养人才永远是大学的永恒主题、中心任务、第一职能，离开这个主题，大学就不叫大学。大学的干部、教师和其他工作人员，都应当对学生充满爱心，满腔热忱地为学生服务，对学生的全面发展、成才成功负责，对学生的前途命运负责。人才培养不同于物质产品的生产，物质产品不合格，可以报废，可以再造。而人才是不能报废的，必须全程负责，确保一次成功。

求贤若渴，爱才如命，应当是教育家的职业天性。一个好教师，应当既会教书，又会育人；既是知识的启蒙者，又是人生的领路人。即使学问再高，如果不善于发现人才、培养人才、提携人才、保护人才，那也算不上一个好教师。一个优秀的教育家，应当识才有眼、育才有方、用人有胆、护才有勇。对一个教育家而言，如果自己发现了一些被埋没的人才，起用了一些奋发有为、潜力巨大的青年才俊，保护了一些暂时存有争议、为世俗偏见所困扰的创新人才，那是人生最大的价值、最大的安慰。社会上有句话，叫"为朋友不惜两肋插刀"，大学的领导者，应当有一种"为人才不惜两肋插刀"的精神。

教育家的远见卓识，不能只是对既成的人才给予尊重和重用，更重要的是对于暂时还没有成名的潜在人才给予大胆提携，敢于对人才进行"风险投资"。不只"买现货"，更重要的是"买期货"；不只买"绩优股"，更重要的是买"潜力股"。这也是不发达国家与发达国家、普通大学与知名大学实行人才错位竞争的一种策略。

大学的竞争，核心是人才竞争。一所大学，如果能聘请到一流的教师，能招收到一流的学生，那就是一流的大学；如果能聚拢到世界一流的人才，那就是世界一流的大学；如果只能吸收到二流的人才，那就是二流的大学了。

在大学精神中，树立正确的人才观是个核心问题。

对于什么是杰出人才，有着各种不同的定义。简而言之，杰出人才就是有着与众不同的特质，能把自己独特的东西奉献给世界的人。越是专才，越是偏才；越是天才，越是怪才；越是经天纬地的雄才，越是凡眼不识、世俗难容之才。

生物学告诉我们，个性化是人类进化过程中的基本因素，自然选择中形成的某种个性是基因变异决定的。由遗传变异而形成的个性加速了生物的进化。统计资料表明，世界上每一万人中会有一个古怪的人，每一万五千人中会有一个彻头彻尾的"怪人"。历史上很多作出划时代贡献的发明家往往是"怪人"，他们怪异的性格可能成为他们脱颖而出的砝码。像牛顿、伽里略、富兰克林、开普勒、达尔文等科学巨匠，都是独立特行的"怪人"。我们的大学教育，应当在德、智、体、美全面发展的基础上尊重个性，照顾特点，发展天赋；应当在基本合格的前提下，培育特长，提携优秀，鼓励拔尖。

在清华、北大的历史上，有过很多不拘一格选人才的佳话。在当时的高考中，吴宓数学得0分，钱钟书数学得15分，仍被破格录取，他们后来都成了学术大师；华罗庚是一名只有初中文化程度的工人，却被破格聘到清华做了教师，后来成了中国著名的数学家；梁漱溟只有中学文凭，没有考进北大，却被蔡元培聘入北大当了教授；陈寅恪在国外求学14年，辗转于日本、德国、瑞士、法国、美国的多所大学，涉猎百科，掌握了20多种外语，然而却没有拿到任何文凭、学位，后来被中外多所大学聘用，成为现代中国一位学贯中西、博古通今、博学卓识的宗师。学校育人不但要讲究合格，而且要敢于破格。我们的大学不能因为讲规范而走向僵化，讲全面而助长平庸，讲合格而抹煞天才。我们讲的全面发展，应当是德、智、体、美全面发展，而不是各科学业都全面优秀。要求一个学生数学、物理、化学、语文、外语、历史门门功课都很出色，这怎么可能呢？

在当今社会，工业化、标准化、流水线式的生产模式也会反映到人才培养和干部选拔中来，这就是忽视特点，磨灭个性，按照统一的格式选人。它的优点是可以保证合格率，而它的弊端就是把某些特殊人才、杰出人才当作不合格产品淘汰了。一所卓越的大学，不仅在于它能够造就大批合格人才，最可贵、最难得的是它善于把个别超凡脱群的天才人物筛选出来，让他们八仙过海，各显其能，开创出一片新奇的天地。

学术自由、兼容并包、多元共生的精神

和而不同，多元统一，这是宇宙永恒的法则，是和谐的最高境界。

学术自由，兼容并包，这是学术研究的基本条件，是大学繁荣的第一要义。

春秋战国时期是中华民族历史上创造灿烂文明的一个重要时期，其思想光芒照亮了我国两千多年的发展道路。在当时比较落后的社会条件下，为什么能够出现道家、儒家、佛家、墨家、法家、阴阳家、纵横家、农家、杂家、小说家等众多的学术流派？为什么能够涌现出老子、孔子、孟子、荀子、韩非子、孙子、管子等流芳千古的杰出人才？为什么能够产生出《易经》《道德经》《诗经》《论语》《孟子》《孙子兵法》

《春秋》《左传》等影响久远的鸿篇巨著？根本的原因就在于当时社会变动，诸侯纷争，私学兴起，创造出了一个政治宽松、思想自由、人才竞争、人才流动的社会环境，形成了"百花齐放，百家争鸣"的局面。

世界上最有活力、最有创造力的大学，无不把"思想自由，个性解放，兼容并包，多元共生"作为不可动摇的办学原则。如果说，在政府运作中，把寻求最大的共识合力作为理想目标，认识越统一、步调越一致就越好，那么，在学术运行中，追求的恰恰是另外一种局面：思想多元，流派纷呈，公平竞争，自由讨论，百花齐放，百家争鸣。正是在这种多元思想文化的争鸣、碰撞和竞争中，催生了新思想的火花。大学中最可贵的精神就是自由探索、大胆创新的精神。任何真理都是在正确与错误的反复比较中形成的，任何创新思想一开始都得不到多数人的认同。在科学试验中失败一千次也没关系，只要一次成功就足够了。良好的学术环境不在于口头上高唱学术自由，而在于对探索创新过程中出现失误失败的容忍。如果在大学中，听到的都是众口一词的声音、千篇一律的表态，看到的是默默无闻的景象，那就窒息了创新的活力，失去了大学的价值。蔡元培认为，中国现代大学的产生有三项基本原则,一是大学应当独立自主,二是具有思想自由和学术自由,三是具有民主自由的社会政治环境。英国著名教育家纽曼在《大学的理念》一书中指出:"大学乃是知识和科学、事实和原理、探索与发现、实验和思考的高级保护力量,它描绘出理智的疆域,并表明在那里对任何一边既不侵犯也不屈服。"

越是在这种多元交汇的思想文化环境中,我们越要有自己的主心骨,越要守住中华民族的文化底线,越要树立明确而稳定的中国特色社会主义的核心价值观。学会鉴别,学会筛选,学会吸收,学会抵御,学会竞争,大力提高中国当代先进文化的实力、活力、影响力和竞争力,防止在多元文化的相互激荡中把自己的灵魂荡丢了,把自己的主导地位荡掉了。

服务社会、超越现实、面向未来的精神

如何处理大学与社会、适应与超越、现实与未来的关系,是大学精神中争论不休又纠缠不清的问题。

大学是社会发展的产物,是社会肌体不可或缺的有机部分,离开社会大学就无法存活。大学的位置不是在社会之外,也不是在社会之上,而是在社会之中。如果大学对社会冷漠无情,格格不入,不适应,不结合，不服务，不奉献，反过来，又怎么可能得到社会的关心和支持呢？当今大学的发展趋势，不是与社会越来越疏远，而是越来越贴近；大学与社会的结合，不是越来越松弛，而是越来越密切了。可以说，在知识经济的背景下，大学与社会已经是你中有我，我中有你，难解难分了。如果今天再提出大学"回到洪堡"、"回到蔡元培"，那绝不是大学的前进，而是大学的倒退了。

大学提供的社会服务，不是零敲碎打、急功近利的服务，最根本的是提供长远战略的服务，我们不能要求大学像社区服务站那样，为大众提供随叫随到的即时服务。大学不能一味地去适应现实，为现存的一切提供合理的注释，去论证"凡是现实的就是合理的"这一命题。大学最可宝贵的品格是超越现实，面向未来，为创建未来的理想社会去准备理想的人才，设法去实现"凡是合理的就是现实的"这一命题。

大学生是整个社会中最富理想、最富幻想、最富梦想的一个群体。这些20来岁、风华正茂的年轻人，初出茅庐，涉世未深，最可贵的就是那股锐气，那种初生牛犊不怕虎的精神。年轻人如果没点理想，没点幻想，没点野心，没点狂气，将来成不了大器，顶不了大用。大学应当是允许青年做梦的地方，激励他们梦想成真。如果大学失去理想主义的色彩，年轻人偏于保守，老于世故，唯唯诺诺，死气沉沉，整天为一点日常琐事、蝇头小利而奔忙，那国家和民族就失去了希望。

国内外也有些学者认为，大学必须拥有绝对的无条件的独立和自由，真正的学者应当远离任何特定的社会身份和利益，永远为思想而活着。纯粹的学术只是追求真理，不迷恋任何功利性的成就，不追求任何实用的目的。知识分子的定义就是"从来不对现状满意的人"，永远是社会的良心，文化的卫道士，一群永远的批评者、异议者、孤独者。这种大学理念，过去一千年没有实现，今后一千年更不可能实现，只能是一种大学乌托邦。

当今中国，社会主义现代化建设的宏伟战略，实现中华民族伟大复兴的历史任务，为大学的振兴发展提供了千载难逢的机遇。科教兴国，人才强国战略的深入推进为大学建功立业提供了极其广阔的舞台。我们的大学应当顺应时代潮流，抓住历史机遇，唱响教科经相结合、产学研相结合的主旋律，在结合中寻找机会，在服务中体现价值，在贡献中争取支持。

文化价值

　　文化是人类社会特有的一种社会现象,是人类最基本的一项社会实践活动。一部人类的文明发展史,就是物质文明和精神文明相互交织、共存共荣的历史。没有物质生产,人类就不能生存,没有文化生产,人类就会永远处在愚昧之中。

　　文化承载着历史,传承着文明。文化是衡量社会进步的标尺。一个民族的振兴是以文化的复兴为先导的,而一个民族的衰亡也是以文化的泯灭为先兆的。如果说历史文化成果记载着一个国家曾经创造的辉煌,那么现实文化状况则反映着一个国家当今的文明进步水平。文化所具有的跨越时空、万古不朽的特征,使得人类社会得以继往而开来,温故而知新。

　　文化的特殊作用,就在于它的教化力、融合力、渗透力、影响力,既可以化人,也能够化物。文化无时不在、无处不有地渗透到社会生活的一切领域,随时随地都在支配和影响着人们的思维方式、行为选择和人生态度。

文化的力量首先是精神力量，精神的力量虽然看不见，摸不着，但却可以转化为改天换地的巨大物质力量。比如一个社会科学真理的传播，可以引发一场社会革命，使国家的面貌发生翻天覆地的变化；一项科学技术的产生，可以引发一场工业革命，使社会生产方式和人类生活方式发生深刻的转变。

文化产生的效益主要是社会效益。尽管文化也能产生直接的经济效益，比如一件珍宝，可能价值连城；一卷字画，可能拍卖出天价；一部影视作品，可以创造巨大的票房价值。然而，文化所产生的效益主要还是社会效益。一部经典名著，一曲不朽乐章，一座辉煌的建筑，可以千古流芳，它给人们带来的心灵启迪、道德感化，以及美的享受，是难以用金钱来衡量的。

文化创造的价值，往往不是通过自身来体现的，而是通过文化渗透其中的人和事物的增值效益来体现的。显而易见的是，一个有高度文化教养的人和一个缺乏文化教养的人，他们的社会地位、工作成就和经济收入会产生巨大的反差。同样，一个高文化含量的商品和一个低文化含量的商品，它们的市场价值也是大不相同的。

文化尊严和文化价值的实现程度，同一个社会的文明进步水平是成正比的。

在一个经济贫困、温饱不济的社会里，人们没有余力从事文化活动，自然也很难领略文化的价值。

在一个专制独裁、缺乏民主自由的体制下，文化的尊严必然受到蔑视，文化的命运必然多灾多难。

在一个急功近利、物欲至上的环境中，文化的价值必然会受到扭曲，文化的生存空间必然会受到挤压。

只有在经济繁荣、政治开明、社会和谐、个性自由的条件下，才能绽放出绚丽多姿的文明之花。社会的文明程度越高，社会生活中的文化元素越多，文化的地位和作用越重要。人的文化教养水平越高，对文化的追求越多，对文化价值的理解越深刻。

跨入21世纪的门槛，中华民族终于看到了现代化的曙光。民族复兴的伟业、全面小康的目标、科学发展的理念、和谐社会的理想，不仅为经济的发展指明了前进的道路，而且为文化的振兴开辟了广阔的空间，一个中华文化大发展、大繁荣的新时期到来了。此时，有必要对文化的地位、作用及其社会价值进行一番新的审视，有一个全面正确的认识。

一、文化与民族精神

  文化是一个民族延续的血脉,是实现民族凝聚、民族认同的灵魂,也是一个民族区别于其他民族、自立于世界民族之林的标识。如果你是一个中国人,即使身在异国他乡,但凭借着黑头发、黄皮肤,凭借着中餐、中药、方块字,凭借着一首《义勇军进行曲》,你就能找到自己的同胞。

  在世界四大文明古国——古埃及、古印度、古巴比伦、古中国中,唯一幸存下来依然保持着基本文明形态的就是中国。今天的中国人,依然自称是炎黄子孙、龙的传人。《易经》《道德经》《论语》等古代经典历经数千年依然流行。为什么中华民族绵延五千年生生不息,历经劫难而没有消亡,几度分裂又九九归一,屡遭外族侵占而没有灭种呢?其最深厚的原因就在于中华传统文化的巨大凝聚力、生命力和创造力。文化的力量,深深熔铸在民族的生命力、创造力和凝聚力之中。一个有着深厚文化底蕴的民族,即使暂时被武力征服了,被强敌占领了,但只要文化的根脉还在,她就有东山再起、绝地逢生的希望。如果文化的根脉被切断了，那这个民族将会陷入万劫不复的境地。正如古人所说的："灭人国者必先灭其史。"

那些被称为中华民族优秀传统文化的东西不只是长城、故宫、兵马俑，也不只是"四书""五经"、唐诗宋词，而是根植于亿万民众之中，深深影响着国人的精神理念、行为准则。如自强不息，厚德载物；以人为本，天人合一；孝悌为本，亲亲为上；依仁蹈义，兼爱天下；义不容辞，当仁不让；忠诚待人，无信不立；持道中庸，恭敬礼让；将心比心，宽恕为怀；和而不同，和谐为美；国家兴亡，匹夫有责等等。中国传统文化浩如烟海，博大精深，贯穿其中的一条基本线索，就是正确处理三大关系：一是正确处理人人关系，应当秉持中庸，不偏不倚，和为贵，这样才能各方和顺，天下太平；二是正确处理天人关系，应当道法自然，敬畏天地，这样才能阴阳平衡，天人合一；三是正确处理身心关系，应当神志专一，身心协调，这样才能福寿安乐。这三大关系是人类永远面对的基本问题，其中"和为贵"、"天人合一"、"身心协调"的思想，至今仍有着巨大的生命力。

上面阐述的这些精神理念，是经过千年历练、大浪淘沙后积淀而成的民族智慧精华，是中华民族共有的精神家园,也是中国对世界文明作出的伟大贡献。这些精神理念已经融化在中国民众的血液中,不是哪个人想改变就能改变得了的。在历史上,对传统文化曾经批过来、批过去,不断宣布要统统扫进历史垃圾堆,然而,过不了多久,它们又从"历史垃圾堆"里站了起来,重新大行其道。因为中华民族的生存发展离不开它,广大民众认同它。试想,如果抛弃了这些东西,中国还能叫中国吗?中华民族还能自立于世界文明古国之林吗?

当然,对待中华民族的传统文化,不能采取"信而好古,述而不作"的态度,因循守旧,固步自封,而应当与时俱进,不断创新,在借鉴外来文明、融合时代精神中不断充实、完善、提高。没有继承就不能延续,没有创新就不能发展。每个时代都会倡导一些新观念,推崇一些新口号,但经过实践检验、得到民众认同并且最终能融入民族精神之中的,只是其中一小部分,大部分东西只不过是昙花一现,很快就销声匿迹了。对一个民族而言,传统就是传统,不能简单地用是与非、优与劣来加以区分。像中国人过年放爆竹、西班牙人斗牛,谁能说得清楚这是好传统还是坏传统?放爆竹不是禁了一阵子又开禁了吗?对传统文化不甚了了的人,还是不要在那里空谈什么"批判继承"、"取其精华、去其糟粕"为好。中华文化就像是一棵大树，传统文化是根，根深才能叶茂。新鲜的枝叶必须从根须中汲取营养才能生长。外来的文化只有嫁接在民族文化的大树上才能成活。

现在学校的思想道德教育，从小学到大学要花很多时间，要学很多课程，但忽视了中国优秀传统文化的教育，忽视了待人接物、现代文明交往方式的教育，对中国流行了两千多年的两大思想流派——儒家和道家的经典《论语》和《道德经》几乎没有认真读过，对做人的道理和人品人格的训练也重视不够，这是一个极大的缺遗。当前社会上种种不文明、不道德、不守纪律、不讲秩序的行为和消极腐败现象的产生，同不懂做人有很大关系。面对不良的社会风气，我们不但需要提倡一些新口号、新道德、新规范，而且有必要把过去丢弃的数千年行之有效的好传统重新恢复起来。现在我们在国外到处开办孔子学院，而国内相当多的人却没有读过孔子和老子的书，这不能不说是一种讽刺。

二、文化与现代化建设

我国的社会主义现代化建设，是包括经济建设、政治建设、文化建设和社会建设在内的四位一体的建设，其中经济建设是基础，政治建设是保证，文化建设是旗帜，社会建设是目标，四大建设相辅相成，构成现代化建设的总体格局。

我国的现代化建设，需要正确的理论指导和方向选择，需要有一个共同理想凝聚全国人民的力量，需要有良好的道德风尚与和谐的人际关系环境，需要有强大而持久的精神动力，需要有良好的国民素质和大批优秀人才。这些就是文化建设的使命。

在"三个代表"重要思想中，第一次把"代表中国先进文化的前进方向"作为中国共产党的指导思想之一，写在了党章中。所谓"当代中国先进文化"，就是以中国特色社会主义理论为指导的，坚持"面向现代化，面向世界，面向未来"的，民族的、科学的、大众的社会主义文化。这种文化应当汇聚中国文化的优秀遗产，吸纳世界文明的先进成果，反映时代精神的要求，顺应历史潮流的方向。中国历史上任何一次盛世文化，如大汉文化、大唐文化、大清文化，都是开放的、包容的多元文化的统一，就像自然界单一物种很快就会灭种一样，任何单一的文化不管怎样强大一时，终归是不能持久的。在多元文化并存的环境中，重要的是把我们的主流文化做大、做强、做优，在比较竞争中显示出自己的先进性和优越性。

在中国社会主义现代化的总体格局中，文化既是方向和动力，也是内容和目标；既是一项公益事业，又是一项新兴产业；既有重大的社会效益，也有巨大的经济效益。文化产品的生产同物质产品的生产有着完全不同的特点。物质产品的生产需要消耗大量的资源能源，生产过程中需要付出生态环境的代价，使用过程中也会不断磨损、折旧直至报废。而文化产品的生产则不需要消耗多少资源和能源，也不产生环境污染，越是文化精品，越是永不磨损，越磨越亮，可以无限地复制，具有无限的生命力。没有充裕的物质生活，人们不会满意；没有丰富的文化产品，人们同样不会幸福。在人们解决温饱问题、进入建设全面小康社会新阶段以后，对精神文化的需求将呈现出快速增长的趋势，落后的社会文化生产和人民群众日益增长的精神文化需求这一社会基本矛盾将会进一步显现，这是促进文化大发展、大繁荣的极好历史机遇。我们应当适时转变社会的发展观、建设观，对文化建设给予更多的关注、更多的投入、更多的支持。

三、文化与综合国力

20世纪90年代，美国哈佛大学教授约瑟夫·奈首创了"国家软实力"的概念。他认为，一个国家的综合实力是由硬实力和软实力两大要素构成的。硬实力是指资源力、经济力、科技力、国防力等刚性的力量，而软实力则是指政治导向力、文化认同力、制度吸引力、国民亲和力、外交影响力等柔性的力量。这两种实力相辅相成，密切结合，构成了一个国家的综合实力。

对一个国家而言，硬实力是综合国力的基础，是软实力的载体，而软实力是国家的形象，是硬实力的延伸。一个国家必须首先把国民经济搞上去，只有繁荣昌盛，民富国强，才能树立起民族的自尊心和自信心，也才有资格去谈论自身文化的先进性和制度的优越性。如果一个国家长期贫困落后软弱，那就有被"开除球籍"的危险，根本谈不上什么软实力。反过来，一个国家即使拥有超强的经济军事实力，但如果奉行霸权主义、强权政治，穷兵黩武，以强凌弱，也不可能得到国际社会的认同，必然是失道寡助，盛极而衰。在当今全球化、信息化和网络化的背景下,国家软实力凭借超越时空的特点而具有空前的传导性,对人类的思想行为产生着日益巨大的影响。

当今世界,文化与经济相互交融,文化经济化、经济文化化已成为经济社会发展的一个新趋势。知识文化的要素日益广泛地渗入到经济中,极大地推动着生产力实现质的飞跃和量的扩张。包括电视广播、影像音乐、卡通动漫、游戏软件、印刷出版、电子图书、广告时装、文物交易、文体演出以及移动电话、互联网的增值服务等在内的文化创意产业正在蓬勃兴起,以其全新的生产消费方式带动了新的产业群体的诞生,培养了新的消费人群,推动了产业结构的更新调整,创造出巨大的经济效益和社会效益。由此可见,文化不仅只是一种软实力,而且作为一种硬实力也令人刮目相看。

21世纪,是中华民族实现伟大复兴的世纪。中华民族的复兴是以中国文化的复兴为显著标志的。即使我国的经济再发达,生活再富裕,但如果中国文化断层了,优秀传统丢失了,精神生活西化了,那还能说是中华民族的复兴吗?如果说20世纪是西方文化主宰世界的世纪，那么21世纪东方文化将重放异彩。中国文化倡导的"天人合一"理念有助于矫正西方文化中一味强调"征服自然"的倾向；中国文化注重的人文精神有助于克服西方文化中科学至上主义的偏差；中国文化主张的"和而不同，多元和谐"理想有助于调整紧张对立的国际关系；中国文化中敬祖先、重人伦、崇道德、尚礼义的道德规范有助于改善西方社会物欲至上、人情淡薄的状况。

北京成功举办第29届奥运会，是中华民族走向伟大复兴的一个强烈信号，标志着中国已经从世界舞台的边缘正走向世界舞台的中心。相对于我国经济实力的巨大增长，我国的文化实力还很不相称。我国的物质商品已经走向了全世界，而我国的文化产品出口能力和文化传播能力还相当弱小。在当今世界的流行文化中，很少有中国的文化符号。目前通过西方媒体反映出的中国，是一个不全面、被扭曲甚至是被妖魔化的形象。伴随着中国的崛起，中西文化的差异和意识形态的冲突还会进一步增多。当前，大力增强中国文化的软实力，扩大对外文化传播力，提升中国的国际影响力和亲和力，是一项刻不容缓的任务。

四、文化与城市

文化是城市的名片、城市的记忆、城市的内涵、城市的形象和品位。几乎所有的城市都是靠文化来立世和扬名的,没有文化的城市等于没有灵魂。

巴黎是法国第一都市,是世界最著名的文化之都、艺术之都、时尚之都、浪漫之都,古代文明与现代文明在那里交相辉映,成为一座无与伦比的城市。

如果有人问"什么是巴黎",在你脑海里浮现出的一定是一系列的文化符号:卢浮宫、凡尔赛宫、凯旋门、塞纳河、巴黎圣母院、埃菲尔铁塔、香榭丽舍大街,还有巴尔扎克、毕加索、肖邦、马奈等等。当你坐在塞纳河畔的街头咖啡馆里,品着浓郁的咖啡,听着肖邦的《圆舞曲》,看着来来往往的游轮和川流不息的人群,望着雄伟壮观的圣母院和埃菲尔铁塔,你一定会陶醉在文化的意境之中。至于巴黎的GDP是多少,是没有多少人关心和知道的。

维也纳也是一座世界文化名城,享有"多瑙河女神"、"音乐之都"、"建筑博览会"的美称。当你漫步维也纳街头,五步一座宫殿,十步一座教堂,到处是鲜花绿地，到处是雕塑喷泉，到处飘荡着音乐，让人目不暇接，美不胜收。世界许多音乐大师，如海顿、莫扎特、贝多芬、舒伯特、约翰·施特劳斯、李斯特、勃拉姆斯等，都与维也纳的名字联系在一起。据说每年元旦在金色大厅举办新年音乐会，收视收听的观众达到10亿人。这就是文化的魅力，文化名城的风采。

巴黎、维也纳都拥有1 600年以上的历史，其间，国家兴亡，政权更迭，世事变迁，经历过无数的自然灾害和战争浩劫，但许多著名建筑、文化遗产却能完好地保存至今。其中，国民的良好文化素养、宗教文化的连续性和当局者的文化保护意识，在对人类文化遗产的保护中发挥了重要作用。

当前，我国正处在加速城市化的进程中，外国需要用一二百年才能完成的城市化进程，中国也许只用三五十年就基本就绪了。在这一时期，如果搞得好，可能产生许多历史性的奇迹；如果搞不好，也可能留下许多历史性的文化遗憾。对新兴城市来讲，最忌百城一面，高度雷同。一座城市，即使高楼大厦再多，马路再宽，如果没有文化的内涵，也不会成为知名城市。在城市扩张改造中，最大的隐患是建设性破坏。一个城市的文化形象需要千百年的积累才能打造起来，而要破坏它只要一两天就够了。有些自称"历史文化名城"的城市，历史文化遗产被搞得七零八落，淹没在一片高楼大厦之中，只有在城市的夹缝中才能见到历史文明的余光，文化无知带来的破坏有时比天灾人祸更可怕。历史经验说明，一些城市的文化奇观，往往并非只是专家智慧的结晶，而是当政者独具慧眼、个人专断的产物。在中国城市化的进程中，希望城市的领导者、管理者、规划者和建设者们，认真了解和借鉴国外文化名城建设和保护的经验，努力提高自身的文化视野和文化品位，力争在我们这个时代能创建出许多具有中国风格、中国气派的文化之都、艺术之都、时尚之都、文明之都。

五、文化与人生

文化的本质是以人为本、以文化人、以文化物。文明以止，化成天下。

如果说文化活动是人类区别于一般动物界的显著标志，那么，文化修养则是一个人步入现代文明社会的根本阶梯。

英国著名思想家培根说过："读史使人明智，读诗使人灵秀，数学使人周密，哲学使人深刻，伦理使人庄重，逻辑修饰使人善辩。凡有所学，皆成性格。"这段话说明了文化知识对提升人的素质能力和品格品位所起的作用。

中国的古人讲："胸藏文墨虚若谷，腹有诗书气自华。"孔子在《论语》中也讲到文化对人的气质、形象产生的影响。他说："质胜文则野，文胜质则史。文质彬彬，然后君子。"意思是说：一个人质朴的本性盖过文采，则未免显得粗俗、粗野。而文采盖过质朴的本质，则会显得浮华和夸张。只有文采和质朴协调统一，相得益彰，才能成为彬彬有礼、气度儒雅的君子。一个人儒雅的风度和高贵的气质，不是凭借华丽的服饰和装腔作势显示出来的，而是文化内涵的释放，是生活阅历的升华。

当然，文化的作用绝不是为了装点门面、打造形象，最重要的意义在于文化可以改变人的命运，为人生开辟光明的前途。一个人经济上的"穷"和文化上的"白"是联系在一起的。因为"穷"，所以"白"；因为"白"，所以"穷"。如此形成一种恶性循环。而要打破这种恶性循环，必须借助文化的杠杆。古人教育孩子常说："朝为田舍郎，暮登天子堂。"今人激励子女也常说:"学好数理化,走遍天下都不怕。"这些话未必全面和确切,但其中说明了一个人生道理:穷人的孩子要翻身,改变自身的境遇,年轻人要成家立业,有所作为,唯一现实可靠的道路就是发奋读书,掌握科学文化知识,提升自身的素质和技能,凭借自己的实力去敲开成才成功的大门。

  30多年的改革开放,为文化的繁荣发展奠定了比较坚实的物质基础。亿万人民建设全面小康社会的伟大实践,为文化的繁荣发展提供了丰厚的源泉。多元文化相互激荡的局面,为文化繁荣发展注入了强大的活力。现代科学技术的进步为文化生产和文化传播提供了空前便利的条件。"尊重知识,尊重人才"的政策和"百花齐放,百家争鸣"的方针的持续贯彻,为文化的繁荣发展创造了宽松自由的环境。文化体制改革的不断深化,扫除了文化繁荣发展的体制障碍。我们相信,一个兴起社会主义文化建设新高潮,推动中国文化大繁荣大发展的新局面必将出现。

大众传媒

一、传媒的特点

在民主、开放和信息化的社会中,包括报刊杂志、广播电视、互联网、手机等在内的各种媒体快速扩张,它们无孔不入地渗透到社会生活的各个角落,随时随地都在影响着人们的思想情绪和社会生活的状况。特别是在发生重大自然灾害和社会危机时,传媒更是牵动着全社会的神经,有着举足轻重的作用。在西方国家,有些学者把立法、行政、司法、传媒并列为社会四大权力,有些学者把资本力量、政治力量和传媒力量称为世界三大支配力量。在当今社会中,任何机构和个人都不得不对媒体敬畏三分,如果传媒失控或传媒和你作对,那会招来巨大的麻烦。

当前,世界传媒业的发展呈现出这样几个特点:

其一,计算机网络技术和数字化技术的广泛应用,带来了信息传播方式的革命性变化,使媒体的面貌焕然一新。它可以轻而易举地把原来分头传输的文字、声音、图像、视频等信息整合成多媒体信息,以光和电的速度迅速传遍全世界。互联网和手机已成为我国的第一媒体。目前,我国已拥有3.8亿个互联网用户,还有1.92亿个移动网络用户,320万个网站,另有5亿多手机用户。现在,互联网和手机已成为覆盖面最广、透明度最高、影响力最大的信息舆论阵地。互联网和手机所具有的即时性、多元性、互动性、匿名性等特点,打破了原来的信息垄断和信息控制,使信息的制造和传递不需要记者和编辑,不需要借助新闻机构,甚至不需要经过审查批准和海关检查,可以随心所欲地自由通行。一个信息、一条手机短信,不胫而走,一夜之间,全国流行。今天,人人都可以成为"记者",人人都可以充当"新闻发言人"。这一方面使人们获得了最新、最快、最廉价、最多元化的信息;另一方面,这些泥沙俱下、鱼龙混杂的信息,又常常使人真假难辨,无所适从。

其二,出现了像美国时代华纳、澳大利亚新闻集团等多元化的巨型传媒集团。他们以资本为龙头,以业务为纽带,不断进行大规模的联合、兼并、整合,掌握了广播电视、有线电视、卫星电视、互联网络、影视娱乐、报刊杂志等各种信息渠道，成为一个垄断性的传媒帝国，他们凭借着超强的实力、巨额的资本、先进的技术、高超的宣传推销手段，覆盖了全球的市场。他们一方面创造出了许多引领时代潮流的文化精品，获取了巨额的商业利润，另一方面又掌控着世界的话语权和舆论主导权，以至于人们不得不接受这样一种荒唐的现实：只要这些媒体霸主说是真的，假的也变成了真的；只要他们说是假的，真的也变成了假的。让人有口难辩，有理难张，就是跳到黄河也洗不清。

其三，媒体商业化的趋势越来越明显。许多媒体逐渐淡化了"大众公器"、"社会良心"的性质，而成为一个具有独立利益的商业机器。

在商业化运作和市场竞争的压力下，媒体为了生存发展，更加注意加强内部的经营管理，更加注意招揽优秀人才，更加注意采用先进技术和先进设备，更加注意创造更多群众喜闻乐见的作品，以致今天人们足不出户，坐在家里就可以免费或廉价地欣赏世界各地的文化艺术精品，这极大地丰富了人们的精神生活，尤其对那些老弱病残、希望休闲消遣的人来说，无疑是巨大的福音。然而，在商业利益的驱使下，有偿新闻、虚假信息层出不穷，二手信息、垃圾信息充斥版面，商业广告泛滥成灾。在收视率的杠杆下，媒体之间争相进行新闻炒作，爆料事件，披露隐私，揭露丑闻，煽情蛊惑，迎合低俗。人们对媒体常常抱着一种好坏兼半、又爱又恨的态度，想说爱它很不容易，而离开它又不知道如何生活。

其四，媒体这种特殊行业，记者作为"无冕之王"的特殊身份，越来越失去了应有的职业道德和自律自省精神，失去了自我纠错的能力和自我批评精神，媒体的社会责任感与它们的社会影响力严重失衡。媒体本来应当是疏通社会矛盾、解决社会问题的手段，而今天媒体却往往成了激化社会矛盾、产生社会问题的一大根源。

我国的媒体应当密切关注世界媒体领域的发展趋势，既要吸取国外媒体发展的有益经验，又要努力避免国外媒体出现的严重弊端。

二、传媒的功用

任何一个组织机构，都应当有一个正确的社会定位。定位决定发展，定位决定未来。

对于报纸刊物、电视广播等媒体，过去通常的说法是新闻单位、舆论工具、宣传阵地、意识形态领域、党和人民的喉舌等等，这些说法都是对的，从不同侧面反映了媒体的功用，但是并不全面。现在人们把报刊杂志、广播电视、互联网等统称为"大众传播媒介"，这种说法的变化也反映了它们社会定位的变化和社会功用的拓展。顾名思义，大众传播媒介一要面对大众，二要立足传播，三要充当媒介。

当前，一个有实力和影响力的媒体一般都担负着多重社会使命。

第一，信息中心。人们的判断和决策有赖于对信息的掌握。人不可能事事亲力亲为，99%的信息是间接获得的，主要是靠大众传媒获得的。人们对媒体的第一需求是获取信息，而媒体的第一功用是向人们提供信息服务。谁提供的信息更快更多更好，谁的影响力就越大。

美国的《时代》杂志是一份最具国际影响力的期刊，以其权威性和深刻性而著称。它拥有450万份发行量，拥有稳定的读者群，年销售额突破10亿美元。《时代》的办刊宗旨，是向日益繁忙的人们提供优质信息服务，让他们充分了解世界。

香港凤凰卫视能够在不长时间内打造成华人社会

颇受欢迎的资讯台，根本原因在于它们总是在第一时间第一现场充分报导国内外重大新闻。

媒体的信息传播，关键是及时、准确、优质、全面。

信息传播的特点就是先入为主，先声夺人。新闻越新越快就越有价值，就越能争得主动权和主导权。如果等新闻变成了旧闻再去播报，那就失去了价值，丧失了主动。

真实准确是媒体的第一生命。失去真实的信息等于一堆垃圾，失去公信的媒体等于自取灭亡。

在信息泛滥的社会里，媒体的责任不是简单地贩卖信息，而是要精心地筛选、整合和加工信息，最终提供给人们的是优选的、优化的、优质的信息服务。

社会现象五光十色，大千世界无奇不有。如果胡乱地把两个点连成一条线，把三条线拼成一个面，那你几乎可以得出任何结论。媒体的报导深度就在于他能够用全面的联系的观点来观察问题。如果不是从事实的综合和事实的相互联系中去把握事实，那所谓事实就是连儿戏都不如的东西。

第二，政策窗口。任何一个国家的主流媒体都在很大程度上代表着其政府的声音，反映着政策的走向。因此，宣传党和政府的政策，传达党和政府的意图，是我国媒体义不容辞的责任。毛主席说：报纸的作用和力量，就在于它能使党的纲领路线、方针政策、工作任务和工作方法，最迅速最广泛地同群众见面，善于把党的政策变为群众的行动。

当然媒体的政策宣传不同于宣读中央文件，传达领导讲话，重要的是通过足智多谋的解读、深入浅出的阐释、生动鲜活的事例，把党和政府的意图灌输和渗透到群众的头脑中，在党和政府与社会大众之间搭建起一座互通互动的立交桥。

舆论导向必须旗帜鲜明，含含糊糊、模棱两可不可能是导向。同时，又要循循善诱，入情入理，让人们在心悦诚服中自然地接受。

第三，意见领袖。在现代社会中，传媒充当着公众意见领袖的角色，在促进社会和谐、形成正确舆论导向中起着举足轻重的作用。我国的传媒应当坚定不移地贯彻团结、稳定、鼓劲、正面宣传为主的方针，让人们更多地看到光明，看到进步，看到希望，增强同心同德共创未来的信心。如果媒体上充斥着各种消极面、落后面、腐败和丑陋的现象，那于国、于民、于社会进步、于身心健康又有什么好处呢？那种认为"坏消息就是好新闻"，"狗咬人不是新闻，人咬狗才是新闻",用揭露隐私、爆料丑闻来吸引眼球的做法,其实是媒体的一种无聊和堕落。我们的官方媒体不但要充当党和政府的喉舌,而且应当成为公众精神和公众意识的代言人。

在民主渠道不健全、体制内监督不到位的情况下,舆论监督尤为重要,它在反对官僚主义、鞭挞腐败现象方面有着不可替代的作用,舆论监督既是帮助党和政府改进工作的重要方式,也是为社会大众伸张正义、为弱势群体讨回公道的重要渠道。

第四,知识高地。在一个学习型、知识型的社会中,媒体应当是社会的一个知识高地、文明源头,源源不断地向社会大众输送科学技术、文化知识的营养,启迪人们的智慧,开阔人们的视野。只有知识,才能从根本上提高人、教化人、改变人。媒体的品位和魅力就在于它的知识含量。缺乏知识含量和文化品位的媒体必然走向庸俗。不能有文化的人去干没文化的事,去赚没文化的人的钱。

第五,娱乐平台。现在,大众传媒是受众最广、活力最大、影响力最强的娱乐平台。工作越是紧张、竞争压力越大,人们就越是希望寻找轻松、快乐、刺激,以舒解自己的压力。大众传媒一个最大的增长空间，就是开展文化娱乐，设法让人们高兴起来、快乐起来，更多地去发现和弘扬人间真善美的东西，满足人们的审美情趣，提高人们的审美水平。其实，让人民高兴起来，本身就是一种社会引导，是一种润物无声的思想工作。

媒体功能多样化，是社会文明进步的大趋势，是全面建设小康社会的新要求，也是媒体自身发展的新空间。这种情况要求媒体必须统筹兼顾、协调发展，妥善地处理信息传播与舆论引导、服从大局与服务群众、紧跟领导与贴近实际、正面宣传与批评监督、新闻价值与商业利益等关系。

三、传媒的改进

如何办好媒体，历届中央领导集体都有过重要的论述。毛主席提出了政治家办报，走群众路线，旗帜鲜明、生动活泼、引人入胜等根本要求。邓小平提出了联系群众、针对实际、批评和自我批评三项原则。进入新世纪后，江泽民、胡锦涛又提出了围绕中心，服务大局，弘扬主旋律，提倡多样化，坚持团结稳定鼓劲、正面宣传为主等一系列指导方针。这些，都是媒体应当切实遵循的原则。

革命导师马克思曾经做过《莱茵报》《德法年鉴》等报刊的主编和记者，他曾经提出过一些新编辑原则，即少发些不着边际的空论，少唱些高调，少作些自我欣赏，多说一些明确的意见，多探讨一些具体的现实，多提供一些实际的知识。这些编辑原则今天仍然很有指导意义。

媒体的改进，首要的问题是摆正媒体和人民群众的关系。大众媒体就是要永远面向大众，贴近群众，以满足群众需求、人们喜闻乐见为根本宗旨。

用科学理论武装人，用正确舆论引导人，用高尚情操塑造人，用优秀作品鼓舞人，这是我国传媒界耳熟能详的四句话。这四句话是党和政府对宣传文化工作的总要求，而对每一个具体的媒体机构，如报社、电视台而言，决不能把自己与受众的关系理解为教育者与被教育者的关系、引导者与被引导者的关系。媒体就是媒体，不是党政机关，没有资格发号施令。任何媒体，包括党报党刊在内，准确的定位就是服务群众，在服务中贯彻导向，在满足需求中实现激励，在帮助中体现教育，在丰富人民的精神世界中提升素质。如果把自己的定位搞错了，对受众摆出一副居高临下的姿态，那是不可能取得成功的。

如何反映社会焦点热点问题，如何报导突发事件和社会危机，这是对媒体水平和社会责任感的真正考验。根据多年的经验教训，媒体在报导这类事件时应当本着以下原则：

一要弄清真假。真的就是真的，假的就是假的，必须保证100%的准确性，不要听风就是雨，道听途说，添油加醋；更不能一犬吠影，百犬吠声，以讹传讹，人云亦云。在那种社会聚焦、群情激荡的敏感时刻，一个错误的信息有时会引发难以预料的混乱。

二要辨明是非。一个严肃媒体必须有始终如一的视角，有明确的立场，有稳定的价值标准，旗帜鲜明，观点严谨，不能是非不分，随风摇摆，更不能颠倒是非，混淆黑白。

三要权衡利害。除了真假、是非之外，还必须考虑利害问题，把"三个有利于"，即有利于发展社会主义社会生产力、有利于增强国家的综合实力、有利于改善人民生活水平作为取舍的根本标准，不能不管利害，不顾后果，鲁莽行事。

四要把握深浅。掌握好分寸，调控好力度，把握好"度"的界限。在社会混乱的危急时刻，一个负责任的媒体应当充当一个平衡器、调温器的角色,不能不知深浅,推波助澜,火上浇油,唯恐天下不乱。

五要适时进退。把握好时机,知道什么时候该进去,什么时候该出来。既能善始,又能善终,不能没完没了,纠缠不休。

当年孔夫子提出在观察处理事物时要力戒四种错误思想方式,即毋意、毋必、毋固、毋我。毋意,就是不主观臆断,凭空想象;毋必,就是不武断绝对,不知变通;毋固,就是不固执己见,死心眼,钻牛角尖;毋我,就是不个人本位,以自我为中心。孔夫子的这"四毋"原则,对今天的媒体依然适用。

人们不难发现,当前在社会生活中已形成了两种不同的语言信号体系,两种不同的舆论场。

一种就是网络语言,手机短信语言,群众生活语言,这类民间语言越来越追求简洁,追求生动有趣,追求新奇怪异,不断花样翻新地冒出一些新词汇、新概念、新符号。尽管它不规范、不科学,但却能很快流行,广为传播,尤其在青少年中大受欢迎。这些分散的自发的民间媒体,虽然算不得主流媒体,但传播之快、覆盖之广、影响之大,常常令一些大媒体也自叹不如。令人难以置信的是,一条短信息出来,几天之内能转发上亿次，传遍天南海北。有时，这些自发媒体会造成一种强大的舆论场，影响和左右着民众的舆论倾向和情绪指向。

与其形成鲜明对照的是，我们的一些媒体宣传和官方语言，却缺少改进和创新，教条主义、形式主义的东西过多，说教味、八股腔太浓，充斥着各种空话、大话、套话以及简单化、概念化、格式化、公文化的东西。本来一些先进的理念、睿智的思想、富有创新的政策和新鲜生动的实例，被这种套话和八股调一加工、一包装，都失去了应有的光彩，变成了干干巴巴、令人乏味的东西。

新闻宣传必须牢固树立以人为本的观念，适应受众的信息需求，尊重受众的习惯特点，顺应受众的阅读取向。舆论宣传市场永远是买方市场，必须以受众喜闻乐见、赏心悦目为原则，让人们在轻松愉快中受到感召，在潜移默化中得到启迪。受众是永远的上帝，是最公平、最公正的评判员。一个好报刊，应当是读者主动订购，争相阅读。如果办得不好，即使凭借权力摊派下去，照样是订而不阅，发而不读。你无法左右人们喜欢听什么，看什么。如果人们不想听，你讲得再多也没用。如果人们不接受，你花再大的力气也白费。

新闻报导必须以新闻价值为第一标准，淡化"官本位"意识。要大大减少对于领导活动的流水账式的报导和会议消息，把更多的视线和版面转向基层，转向群众，转向多姿多彩的社会生活。报导会议和领导讲话，关键是把其中最有价值、最有创意的信息、数字、指导思想、政策走向反映出来。现在关于会议的报导连篇累牍，不少都是应付差事的官样文章，缺乏新闻价值，其后果只能是"谁写谁看"，"写谁谁看"，别人是不大看的。

作为主流媒体，应当以高扬主旋律、传播主流价值观为己任，在选择信息的真实性和严肃性、在解读政策的权威性方面高出一筹。在面对社会大众的同时，尤其要在高层次的受众如领导干部、知识分子、各界代表人物中建立起高度的公信力，培育起稳定的读者群。

打造一流的强势媒体，关键是要有一流的人才队伍，包括著名的记者编辑人才，著名的专栏作家，著名的社会意见领袖等。你要想成为世界一流的媒体，那就要借助世界范围内的一流人才。你要想成为全国一流的媒体，那就要借助全国范围内的一流人才。如果关门办报,封闭办台,只靠自己现有的记者编辑主持人队伍,那就不可能成为一个优势媒体。

一个强势媒体,必须以强大的经济实力和科技实力为后盾,没有实力就没有覆盖面和占有率。必须在信息的原创性和首发性上下工夫,没有原创性和首发性,就无法占领舆论制高点。必须善于运用现代传播技巧,善于使用社会流行语言和国际语言,大力提高宣传的亲和力、吸引力和感染力,否则,就谈不上影响力和有效性。我们应当借鉴国外的做法,打破传统的媒体划分,以资本为龙头,以业务为纽带,进行大规模的媒体整合,打造出资本雄厚、多媒体一体化的大型综合传媒集团,否则,就难以在国际传媒竞争中占有一席之地。

编 后 记

　　任彦申先生的《从清华园到未名湖》一书出版以后，读者反响之热烈，大大出乎我们的意料。现在市场上有不少领导干部写的书，其中有些书披露了鲜为人知的事情，总结了深思熟虑的经验，写出了做人做事做官的感悟，在存史、资政、育人方面颇有价值，很受读者欢迎。然而，不少领导干部写的书，都是四平八稳的官样文章，缺乏个性色彩和独到的见解，名为"著作"，其实不过是讲话汇总、文章收编而已，甚至从"同志们好"到"谢谢"、"散会"都一仍其旧，讲的多是那些除了自己之外谁都不感兴趣的事情，自然令人倒胃口。一些读者起初对任彦申先生的《从清华园到未名湖》一书也是作如是观的，但随便翻翻之后却大感意外，正如不少读者所反映的，打开此书如清风扑面，令人耳目一新，不忍释卷，一口气把它读完。此书独特的思想魅力，强烈的思辨色彩，睿智简约的语言，发自肺腑的感受，每每让人有醍醐灌顶、畅快淋漓之感。掩卷沉思，时时被感动着，启迪着。

新华社旗下的《现代快报》把该书的部分章节专门辟出"睿思"专版连载之后，众多读者更是反响热烈，共鸣切切，有的把报纸剪贴下来，反复诵读；有些热心人，把有些章节粘贴在网上，让人共赏，更是引来好评如潮；许多网友的留言，发自肺腑，一针见血，振聋发聩，让我们这些看多了书稿似乎因职业已经麻木的编辑们也感受到了久违的惊喜，当然还有感动。这些留言，如今，网上还多有留存，有兴趣的读者不妨浏览，恕不在这里一一罗列。但必须要说明的是，这本书，没有做什么大张旗鼓的宣传推广，仅仅靠媒体自觉地推介，读者口碑的流布，居然在零售市场有近10万份的发行量。这在当今的中国书业，是非常的不容易，也让我们这些编辑，有点喜出望外的欣慰，甚至雀跃了。

基于以上的经验，我们多次劝说任彦申先生，可否沿续《从清华园到未名湖》的行文风格，再就自己到江苏十年的执政经历、从政遭际乃至人生感悟做一概括提炼，与读者分享。任彦申先生接受了我们的建议。毕业于清华，主政在北大，长期在教育界担任领导职务的任彦申先生，在2000年的新世纪之初，到江苏履新，担任省委领导。在江苏不算太长的十年里，他分管过宣传、组织、文化、教育、科技、卫生、统战等多方面的工作，作为一个学者型官员或思想型干部，平时以敢讲真话直话为人称道，其思想特点、行事风格、讲话特色，自有其独到之处，许多讲话，亲力亲为，往往给人以别样新颖之感。《后知后觉》一书，虽然仍是近10万字的篇幅，但思想更显犀利深邃，见识更显入木三分，文风更显活泼老辣，文字更显简约凝练。书中内容涉及地域文化、干部问题、大学精神、文化价值、传媒改革等，大都源自工作实践中的感受，是从管理角度鸟瞰彻悟之后的真知灼见，没有官话套话场面上的话，更没有隔靴搔痒言不及义东拉西扯的废话假话，既能言人所不曾言、不便言、不敢言，又收放自如，适度恰切，推心置腹，相照肝胆，血脉贲张，睿智从容，气沉势虹，无论从认识层面上还是从操作层面上都有很强的现实针对性，称之为近年来难得一见的政论性大散文，绝非溢美之词。尤为精彩的是关于干部问题等章节，直言无碍，光明磊落，掷地有声，坦陈党内民主、文风会风、政治体制等当下社会最关切的问题，议论风生，质朴无华，如行云流水，精彩犀利处，酣畅爽利，胸胆开裂，犹如惊涛拍岸，往往令人有阑干拍遍的神思飞越。

　　书稿看过，神思沉迷在这样难得一见的肝胆文字中，有不忍离去、一见如故的亲切难舍。我们祈愿，这样的表达，这样的思考，这样的觉和悟，不管先后，能够越多越好。我们的时代，真是充斥太多的空话套话了。

　　热切地期望读者，就此书不吝指教，我们一定会完整地转告作者。

编者
2010 年 5 月

后知后觉

当前干部队伍中弄虚作假、吹牛拍马、以权谋私等不良风气的滋生蔓延，同干部考评中忽视人品有很大的关系。

选拔干部，关键是抓住两头：一头是掌握上线，选贤任能；一头是守住底线，提防小人。

群众不讲真话，不怪群众，只怪领导；下面不讲真话，不怪下面，只怪上面。

对领导干部来说，无功即是过，不干事是最大的错误。这种占着位子不想干事的干部，比那种虽然有错误但想干事的干部要差许多。

在应对突发事件时，处理不当固然应当承担责任，而逃避责任、贻误战机更是不可原谅的错误。

出 版 人
刘健屏

出版统筹
府建明

责任编辑
王翔宇

责任校对
杨传凤

装帧设计
朱赢椿

ISBN 978-7-214-06257-4

定价：26.00元